编程超简单

和孩子一起玩转Scratch 3.0

（微视频版）

邱培强 编著

清华大学出版社
北 京

内容简介

本书以通俗易懂的语言、详实生动的案例全面介绍了Scratch 3.0的使用方法和编程技巧，全书共分7章，内容涵盖了Scratch 3.0初体验、控制角色运动、绘制图形效果、控制舞台和角色、控制声音模块、控制运算模块、制作游戏程序等，力求为读者提供良好的学习体验。

与书中内容同步的案例操作二维码教学视频可供读者随时扫码学习。本书具有很强的实用性和可操作性，适合对编程感兴趣的青少年以及不同年龄段的初学者阅读，可供中小学信息技术课的培训老师和想让孩子学习Scratch的家长阅读参考，同时十分适合作为指导青少年学习计算机程序设计的入门教程。

本书对应的素材和源文件可以到http://www.tupwk.com.cn/downpage网站下载，也可以通过扫描前言中的二维码下载。

图书在版编目(CIP)数据

编程超简单！和孩子一起玩转Scratch 3.0：微视频版 / 邱培强编著．—北京：清华大学出版社，2021.11

ISBN 978-7-302-59370-6

Ⅰ．①编…　Ⅱ．①邱…　Ⅲ．①程序设计－青少年读物　Ⅳ．①TP311.1-49

中国版本图书馆CIP数据核字(2021)第211037号

责任编辑：胡辰浩
封面设计：高娟妮
版式设计：妙思品位
责任校对：成凤进
责任印制：丛怀宇

出版发行：清华大学出版社

网　　址：http://www.tup.com.cn，http://www.wqbook.com
地　　址：北京清华大学学研大厦A座　　邮　　编：100084
社 总 机：010-62770175　　邮　　购：010-62786544
投稿与读者服务：010-62776969，c-service@tup.tsinghua.edu.cn
质 量 反 馈：010-62772015，zhiliang@tup.tsinghua.edu.cn

印 装 者：河北华商印刷有限公司
经　　销：全国新华书店
开　　本：170mm×235mm　　**印　　张：**9.25　　**字　　数：**187千字
版　　次：2022年1月第1版　　**印　　次：**2022年1月第1次印刷
定　　价：88.00元

产品编号：086812-01

前 言

Scratch 是美国麻省理工学院研发出的一套非常适合青少年入门学习编程的趣味软件。Scratch 采用图形化的编程方式，把枯燥乏味的数字代码变成“积木”状的模块，让孩子在搭建积木的过程中学习编程。Scratch 功能强大，可以做出动画、游戏、音乐MTV、特效、故事等几乎您能想到的任何东西，Scratch 还可以和某些智能硬件（比如乐高机器人）结合，让您创作出好玩的互动作品。

本书主要内容

Scratch 的界面生动有趣，操作非常简单，用户不需要有编程基础，就可以轻松使用软件中的各种图像作为背景，然后选择喜欢的角色，配置丰富的声音，制作出有声有色的游戏程序。本书内容的讲解非常细致，能带给读者更加直观的学习体验和感受。我们将从易到难，系统、全面地讲解使用 Scratch 进行编程的方法和技巧。全书共分 7 章，主要内容如下。

第 1 章介绍 Scratch 软件的基础知识，其中包括软件的安装过程，运行和配置 Scratch 的方法，以及认识 Scratch 程序的操作界面。本章最后将通过一个简单的程序，使读者了解 Scratch 的编程环境。

第 2 章将通过三个简单的案例，学习在 Scratch 软件中如何对角色执行移动、等待、旋转和跟随动作等基础运动操作，初步体验通过编程解决问题的过程。

第 3 章将通过三个简单的案例，学习在 Scratch 软件中使用“画笔”模块，绘制彩色线条、规律图形和复杂图案等各类图形的方法。

第 4 章将通过两个简单的案例，对角色之间的逻辑关系进行研究，使读者初步掌握运用 Scratch 软件的积木指令综合控制舞台背景和角色，自主编排创意情景故事的方法。

第 5 章将通过两个简单的案例，围绕声音主题探究播放音乐、录制声音的技术，以及各个声音模块的使用方法，体验创编音乐的乐趣。

第 6 章将通过两个简单的案例，演示让 Scratch 控制常用的运算程序，从而进一步学习“变量”和“控制”积木，同时学习程序设计中最常见的运算符。

第 7 章将通过两个简单的案例，学习在 Scratch 软件中通过先设置游戏角色、背景，再使用积木搭建出脚本，从而编写各类小游戏的方法。

本书主要特色

图文并茂，案例精彩，实用性强

本书案例丰富，涉及编程的诸多类别，内容编排合理，难度适中。每个案例都有详细的分析和制作指导，降低了学习的难度，使读者对所学知识更加容易理解。本书图文并茂，读者能轻松读懂描述的内容，具体程序的编写则通过图文结合的方式来讲解，便于读者边学边练。

内容结构合理，案例教学一扫就看

本书按照由易到难的顺序，将所有的知识点融入一个个好玩、有趣的案例中，读者可以先模仿案例，动手做一做，边玩边学，在玩的过程中逐渐理解，并在完成所模仿项目的基础上进行拓展，激发创新思维。读者还可以使用手机扫描书中案例旁边的视频教学二维码进行观看，提高学习效率。

免费提供配套资源，扩展应用水平

本书提供与案例配套的素材和源文件，读者可以通过扫描下方的二维码或通过登录本书信息支持网站 (http://www.tupwk.com.cn/downpage) 下载相关资料。

扫码推送配套资源到邮箱

由于作者水平有限，本书难免有不足之处，欢迎广大读者批评指正。我们的邮箱是 992116@qq.com，电话是 010-62796045。

编 者

2021 年 9 月

目 录

第6章 控制运算模块

第7章 制作游戏程序

第 1 章 Scratch 3.0 初体验

Scratch 是由美国麻省理工学院的媒体实验室设计制作的一种专门为青少年开发的可视化编程语言。学习 Scratch 的过程，实际上就像搭积木一样，首先拖曳图形化的指令代码，然后将这些积木组合在一起，实现想要达成的目标。Scratch 这种简单的编程方式能使青少年快速创作属于自己的动画、游戏等电子作品。

1.1 安装 Scratch 软件

Scratch 这种可视化的编程方式在编程过程中融入了更多的趣味性和创造性，因而很容易受到少儿和青少年的喜爱，进而激发他们编写程序的欲望。在美国，随着 STEAM 教育理念的提出，Scratch 也受到越来越多的学校和教育机构的青睐，他们纷纷开设 Scratch 课程。目前国内各地的一些中小学和校外培训机构，也纷纷开设 Scratch 编程兴趣课程和培训班。孩子们通过玩游戏、编程和编写游戏等方法来学习计算机编程的一些基本思维方式，这促使 Scratch 成为一种逐渐流行起来的语言和工具。

Scratch 软件分为在线版和桌面版两种。在线版 Scratch 支持直接访问 Scratch 官网来使用，桌面版 Scratch 可以下载到本地计算机中来使用，它们都是完全免费的。最新的 Scratch 软件版本是 Scratch 3.0 系列，支持 Windows 和 Mac OS 操作系统，用户可根据所使用的操作系统选择下载相应的版本。

接下来我们将详细讲述在 Windows 10 系统中安装 Scratch 软件的具体过程。

Step 01 在 Windows 桌面上单击“开始”按钮，然后在打开的“开始”菜单中单击 Microsoft Store(微软应用商店) 图标选项，如图 1-1 所示。

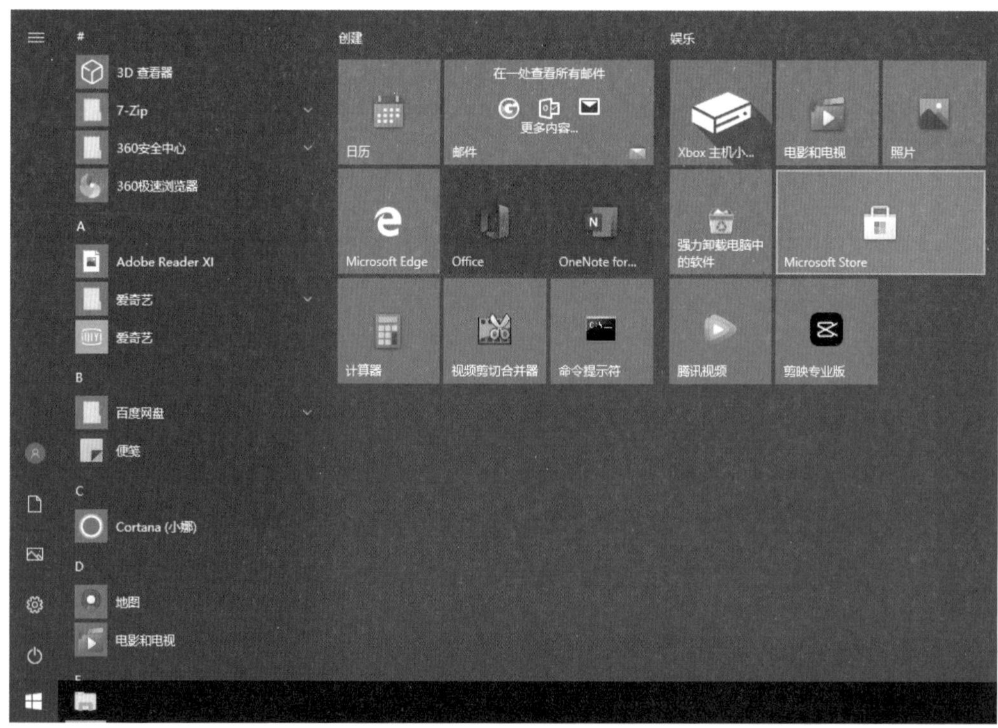

图 1-1 单击 Microsoft Store 图标选项

Step 02 在打开的 Microsoft Store 窗口的搜索栏中输入关键字 Scratch，如图 1-2 所示，然后单击“搜索”按钮⌕。

图 1-2　输入关键字 Scratch

Step 03 此时将显示搜索到的结果，单击界面中“应用程序”区域的 Scratch Desktop 图标选项，如图 1-3 所示。

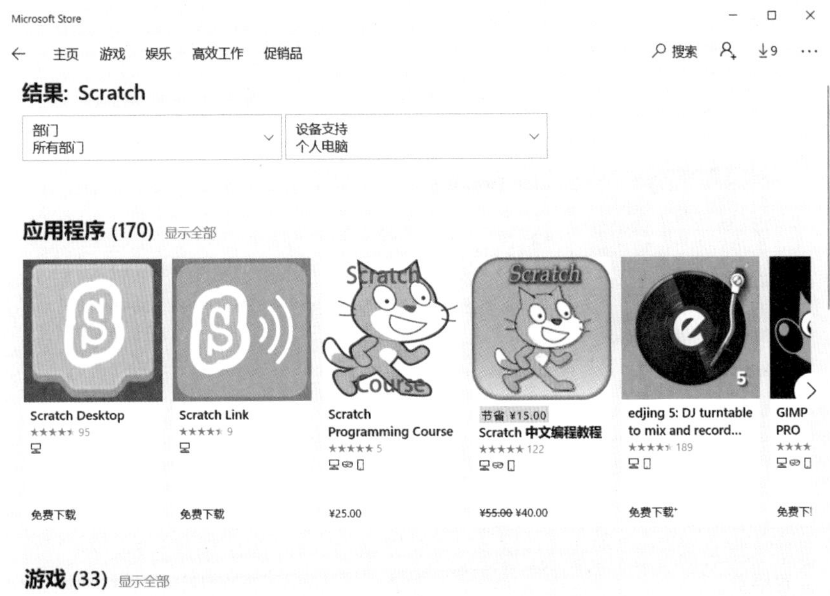

图 1-3　单击 Scratch Desktop 图标选项

Step 04 在打开的 Scratch Desktop 软件的介绍界面中单击“获取”按钮，如图 1-4 所示。

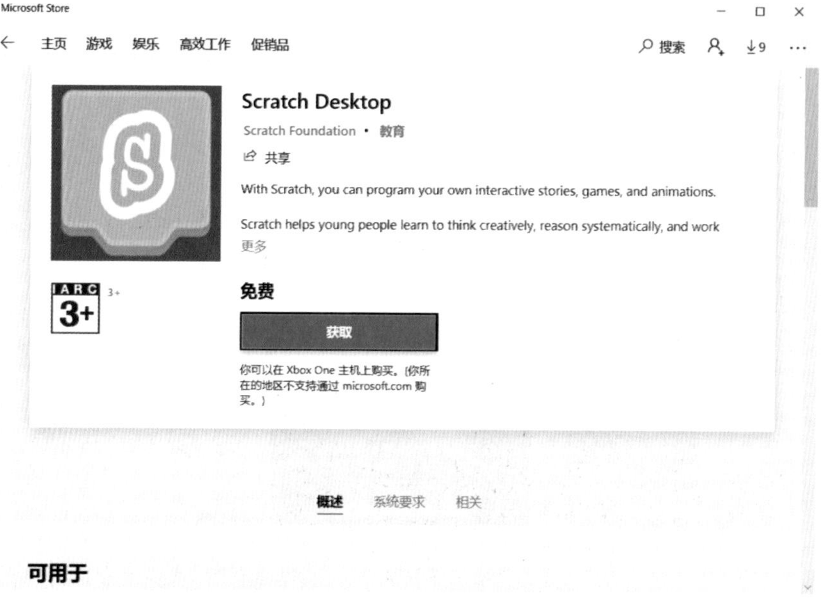

图 1-4　单击“获取”按钮

Step 05 在 Scratch Desktop 软件的介绍界面的右上角单击“安装”按钮，如图 1-5 所示。

图 1-5　单击“安装”按钮

Step 06 此时我们将在 Microsoft Store 的程序下载队列中看到 Scratch 软件的下载和安装进度，如图 1-6 所示。

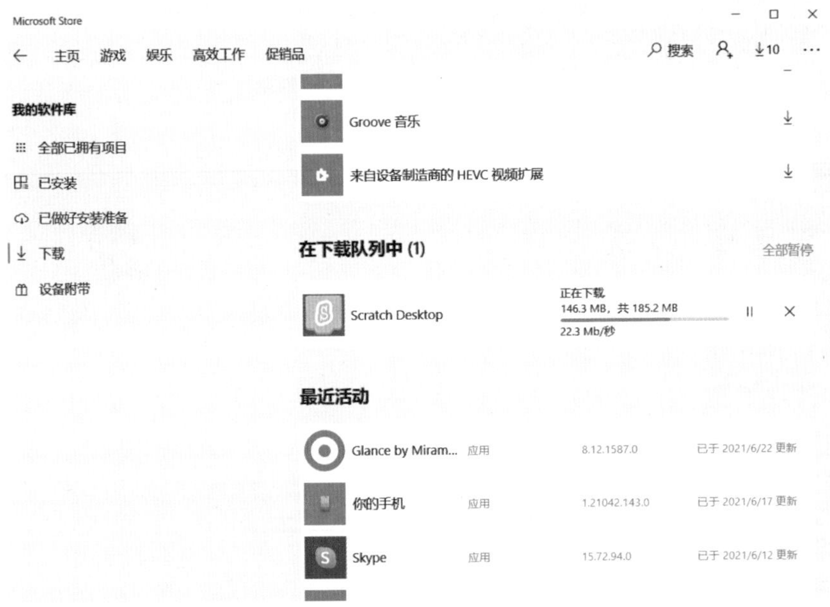

图 1-6 Scratch 软件的下载和安装进度

Step 07 Scratch 软件安装完毕后，单击 Windows 桌面上的“开始”按钮，然后在打开的“开始”菜单中找到 Scratch 3 选项并单击，如图 1-7 所示。

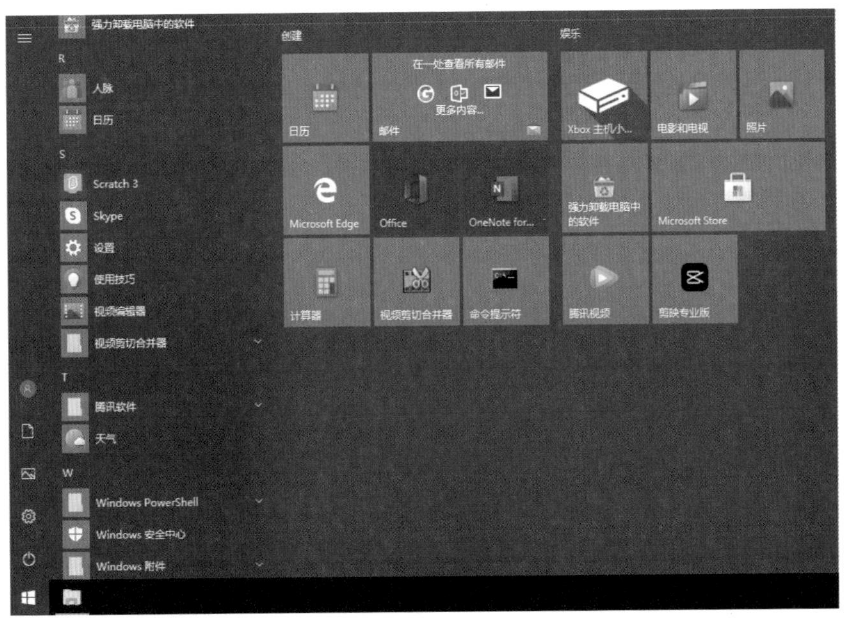

图 1-7 找到并单击“开始”菜单中的 Scratch 3 选项

Step 08 此时将打开 Scratch 软件的主界面，如图 1-8 所示。接下来就可以开始我们的编程之旅了。

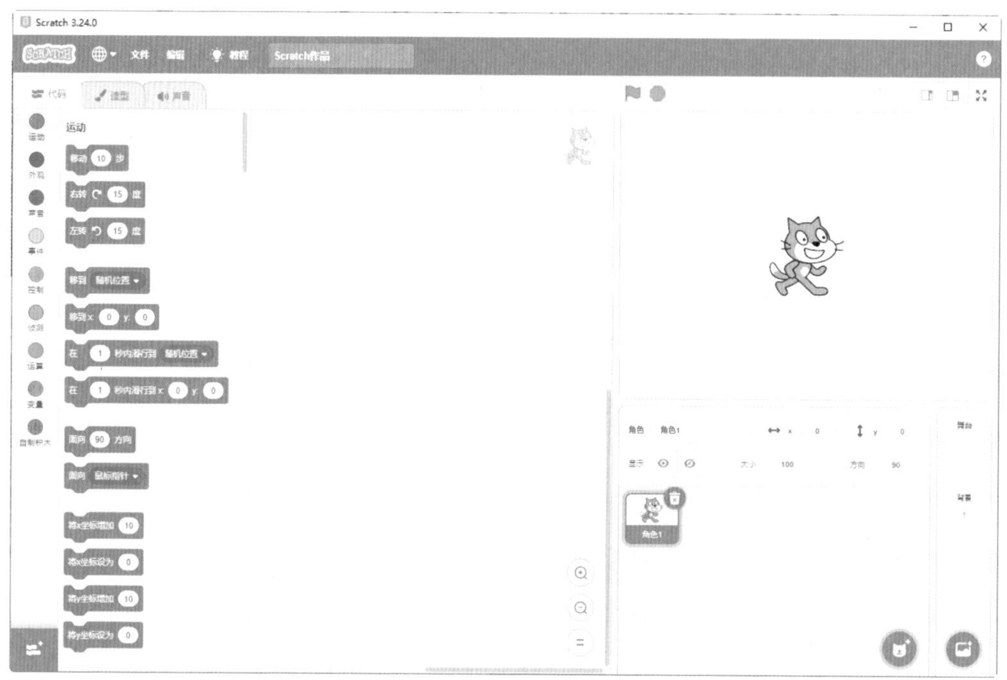

图 1-8　Scratch 软件的主界面

提示：

我们通过以上步骤完成了 Scratch 软件的桌面离线版的安装，这样即使后期用户的计算机没有连上互联网，我们也可以打开桌面离线版来编写 Scratch 程序。

Scratch 软件的版本是不断更新的，桌面离线版的版本号显示为 3.24.0，但是软件的总版本号仍然是 3.X，桌面离线版在整体的功能上并没有太大的变动。

1.2　运行和配置 Scratch

本书将以 Windows 系统中的 Scratch 桌面版编辑器为例，介绍 Scratch 的运行和配置方法。

首先在“开始”菜单中找到 Scratch 3 选项并单击，此时在桌面上将打开 Scratch 软件的主界面。单击主界面上的菜单，在打开的菜单中可以切换 Scratch 软件的语言选项，此时显示的软件语言为“简体中文”，如图 1-9 所示。

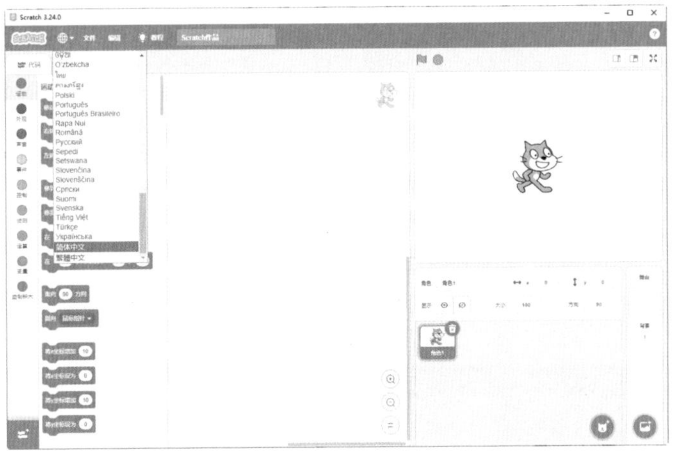

图 1-9 设置 Scratch 软件的语言环境

接下来我们可以通过单击“小舞台布局模式”按钮 、“大舞台布局模式”按钮 和“全屏模式”按钮 来快速调整舞台的布局模式，从而改变舞台的大小，方便我们编辑对象的各种属性，如图 1-10 所示。

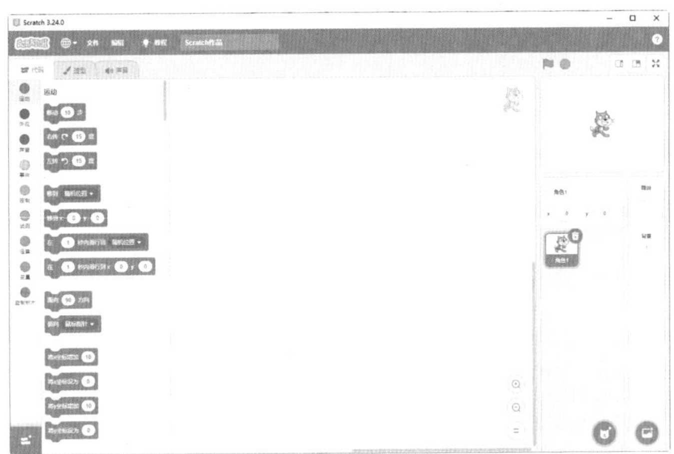

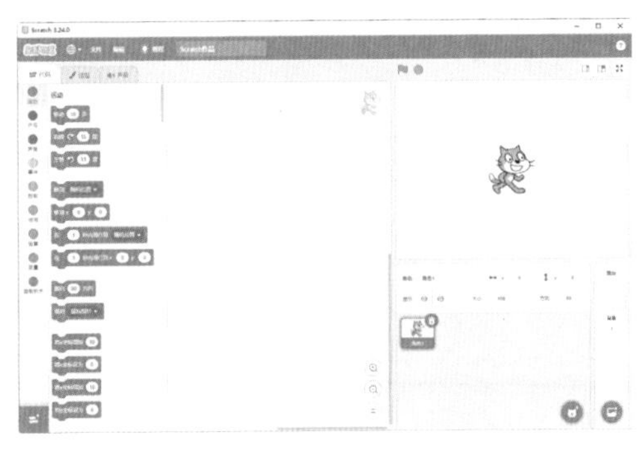

图 1-10 设置舞台的布局模式

提示：

在小舞台布局模式下，单击工具栏中的“大舞台布局模式”按钮，即可还原舞台大小。在全屏模式下，单击⌗按钮，可以返回到原来的界面。

我们可以在菜单栏中单击“编辑”按钮，并在打开的菜单列表中单击“打开加速模式”命令，从而设置程序运行加速模式，使程序运行的循环速度大大加快，如图 1-11 所示。

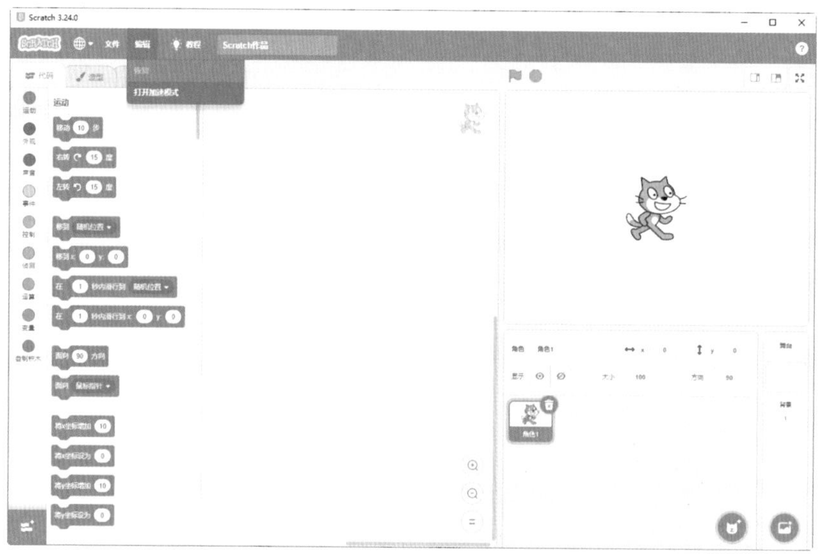

图 1-11　设置程序运行加速模式

打开加速模式后，舞台上方将显示⚡加速模式 提示文字，如图 1-12 所示。如果用户想关闭加速模式，在“编辑”菜单列表中单击“关闭加速模式”命令即可。

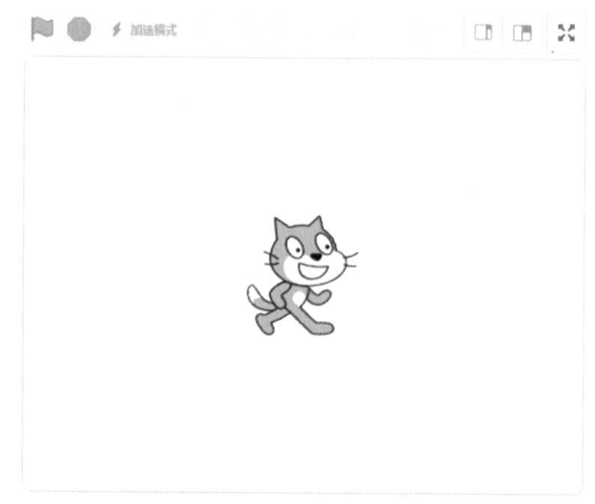

图 1-12　舞台上方提示当前处于加速模式

1.3 认识 Scratch 软件的主界面

配置好 Scratch 桌面版以后，接下来我们认识一下 Scratch 软件主界面的组成。Scratch 软件的主界面很简单，主要分为 4 块操作区域，分别是指令区、脚本区、舞台区和角色及背景区，如图 1-13 所示。

图 1-13 Scratch 软件主界面的组成

- 指令区：提供各类指令模块，供编写脚本时选择使用。
- 脚本区：用于搭建角色脚本。
- 舞台区：角色表演的地方，编好的动画将在这里呈现出不同的效果。
- 角色及背景区：角色和背景的创建区，所有的角色和背景都将在这里创建。

1.3.1 舞台区

Scratch 软件主界面的右上方是舞台区，我们可以将 Scratch 想象成剧院，舞台区是小猫等角色表演的地方。舞台默认宽 480 个单位、高 360 个单位，可将舞台分成一个个的方格。舞台的正中央是 (x, y)，坐标点是 (0,0)，也就是舞台的原点。原点往右的 x 轴坐标是正数，往左的 x 轴坐标是负数；原点往上的 y 轴坐标是正数，往下的 y 轴坐标是负数；如图 1-14 所示。

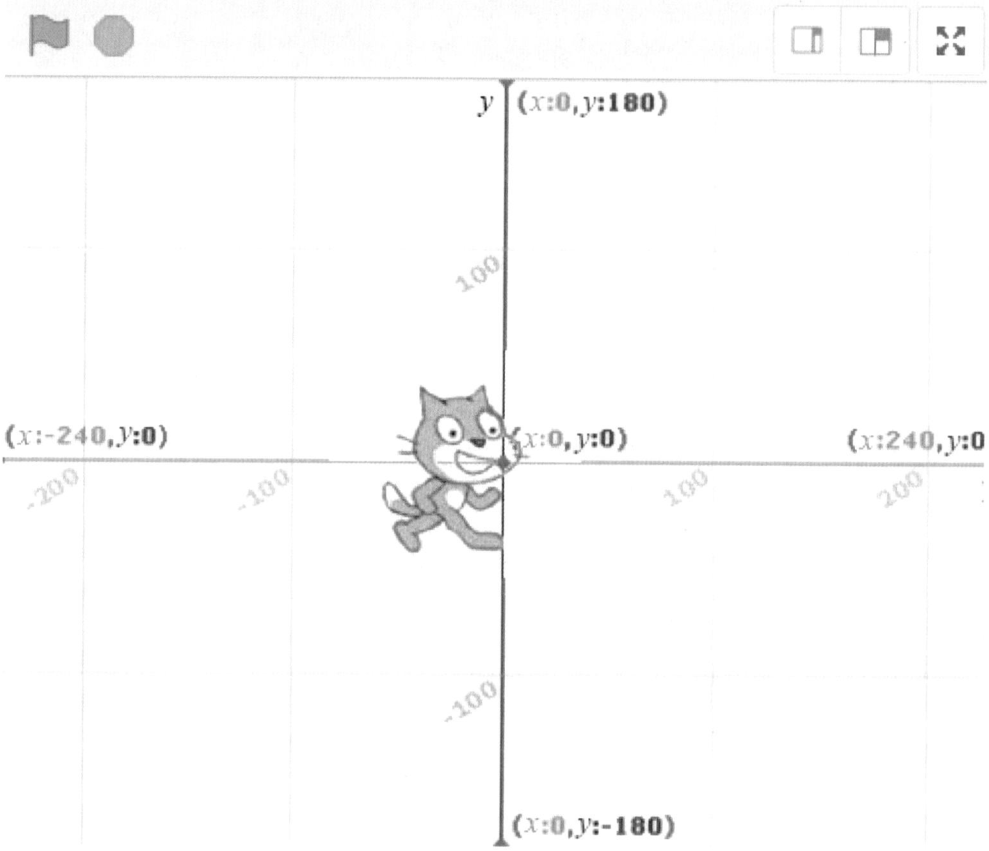

图 1-14　Scratch 的舞台区

提示：

单击舞台区左上角的绿旗，即开始执行程序；单击旁边的红色按钮，即停止执行程序。当拖动角色时，舞台区的右下角会显示角色中心点的坐标信息。

1.3.2　角色及背景区

Scratch 软件主界面的右下方是角色及背景区，要在舞台区表演的演员以及节目的背景都会出现在这里，这些演员在 Scratch 中被称为“角色”，此处会列出所有用到的角色以及背景缩略图，我们可以在这块区域定义舞台背景以及所有出现的角色。将光标移到角色区域的右下角，将会出现 4 个按钮，它们分别代表 4 种不同的角色新增方式。背景区域的右下角也有类似的快捷按钮，如图 1-15 所示。

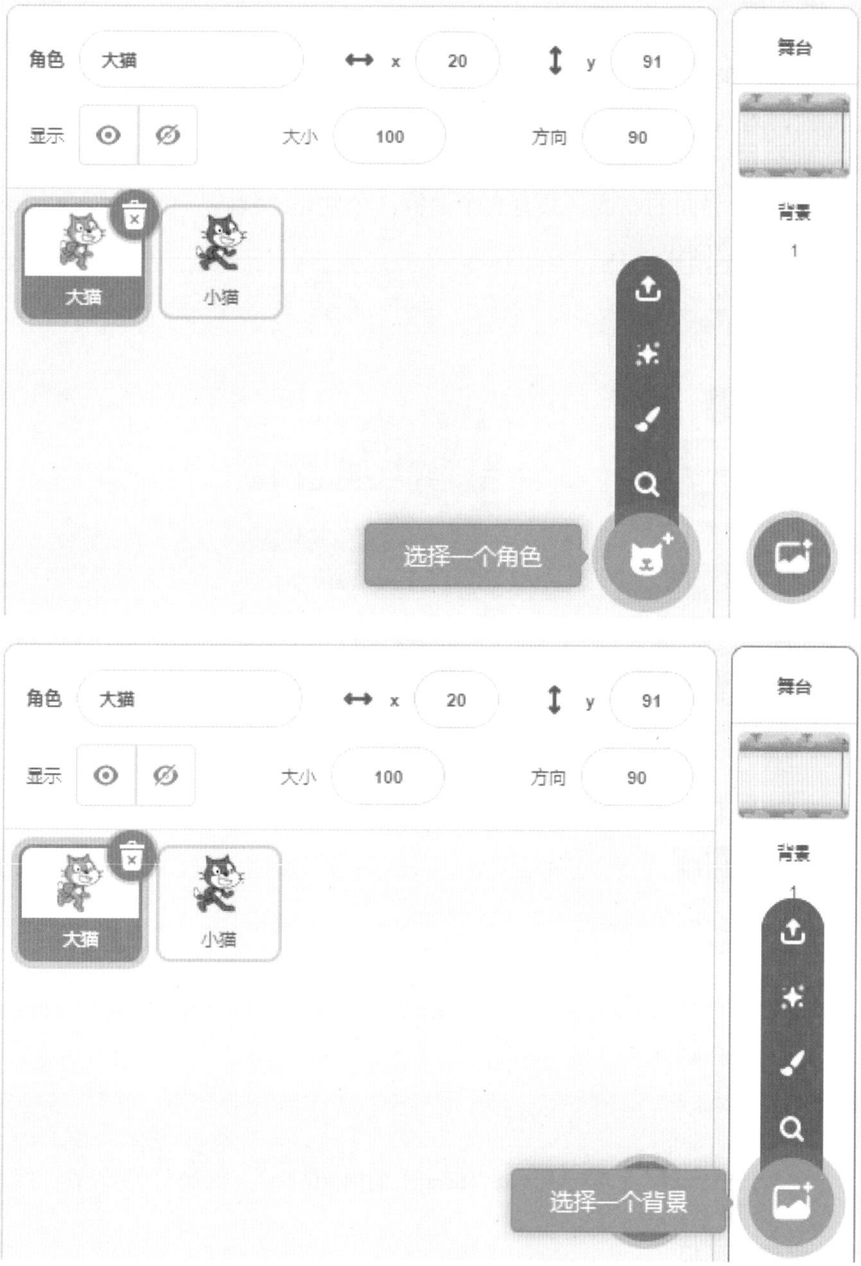

图 1-15　Scratch 的角色及背景区

- ：从本地文件中选择并上传一张角色或背景图片。
- ：随机选择角色或背景。
- ：自由绘制角色或背景。
- ：从角色库或背景库中选取角色或背景。

1.3.3　指令区

不同的演员能完成各种各样的动作，并且拥有各种各样的技能，Scratch 中的角色也是如此，这些角色能完成的动作都在指令区中，包括如何控制节目的顺序、角色的外形怎么变化、角色的声音怎么变化等指令都可以在指令区中找到。指令区位于 Scratch 软件主界面的左侧，共有 3 个面板，分别是“代码”“造型”和“声音”面板，如图 1-16 所示。

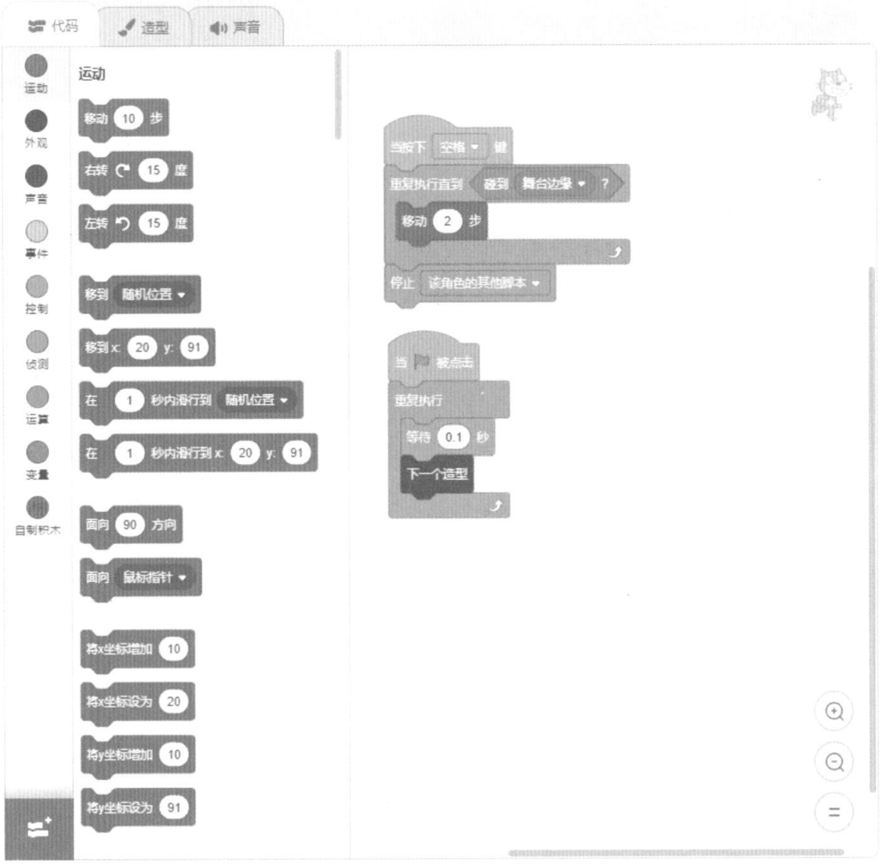

图 1-16　Scratch 的指令区

1. “代码”面板

如图 1-16 所示，角色所能做的所有动作以及可以执行的指令，都被分门别类地存放在“代码”面板中，我们将这些指令称为“积木”，随时供大家调用以搭建并组合成自己心目中的剧本。

“代码”面板中提供了 9 大类共一百多个积木，不同类型的积木使用不同的颜色，此外我们还可以添加扩展功能的积木。

- 运动：控制角色的位置、方向、旋转及移动。
- 外观：控制角色的造型及特效。
- 声音：控制声音的播放、音量和音效。
- 事件：设定当出现什么事件时，就执行什么控制。
- 控制：设定当某事件发生时，就执行程序并控制程序流程。
- 侦测：获取鼠标、按键信息，获取与对象的距离、碰撞判断、颜色检测数值、检测时间等。
- 运算：进行逻辑运算、算术运算、字符串运算，获取随机数。
- 变量：新建变量以存储程序执行时所需的信息。
- 自制积木：自定义积木模块，完成特定的功能，方便别的程序调用。
- 添加扩展：添加多个扩展模块，从而扩展 Scratch 的功能。

2. “造型”面板

在“造型”面板中，可以定义角色会出现的所有造型。Scratch 默认小猫角色有两个造型，通过切换不同的造型，可以制作小猫的动画效果。例如，按图 1-17 所示进行操作，修改小猫的皮肤颜色，从而制作变色小猫动画效果。

图 1-17 “造型”面板

3. “声音”面板

在“声音”面板中，可以对角色用到的声音进行简单的编辑和修改。例如，在小猫角色的“声音”面板中单击“响一点”按钮，便可通过对效果进行设置来增大声音的音量，如图 1-18 所示。

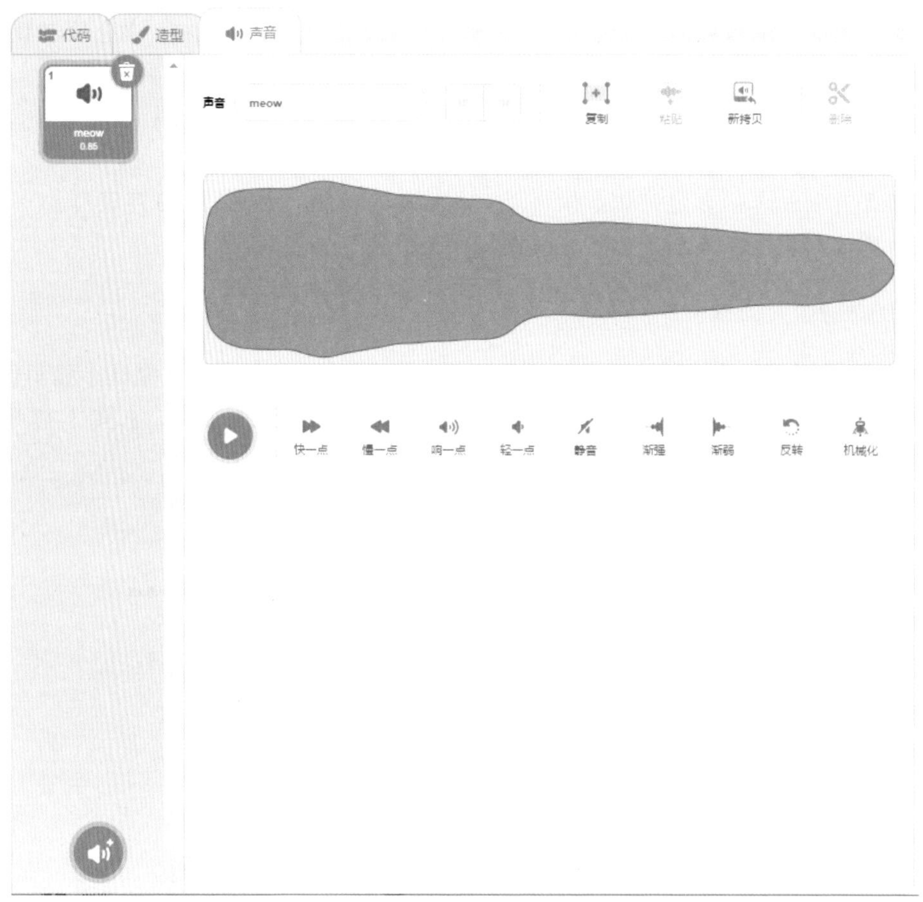

图 1-18 “声音”面板

1.3.4 脚本区

在确定角色、设置好舞台背景并且在指令区规划好角色会做的一系列动作之后，接下来就需要编写节目的剧本了。选择一个角色，将控制角色表演的各种积木从指令区拖到脚本区，按顺序摆放后，就组成了这个角色的脚本。所有角色的脚本都写完后，就组成了完整的 Scratch 程序。脚本区位于 Scratch 软件主界面的中间部分，拖放指令区中的积木到脚本区，即可完成想要的程序功能，如图 1-19 所示。至于这里用到的具体操作，我们将在后续章节中详细介绍。

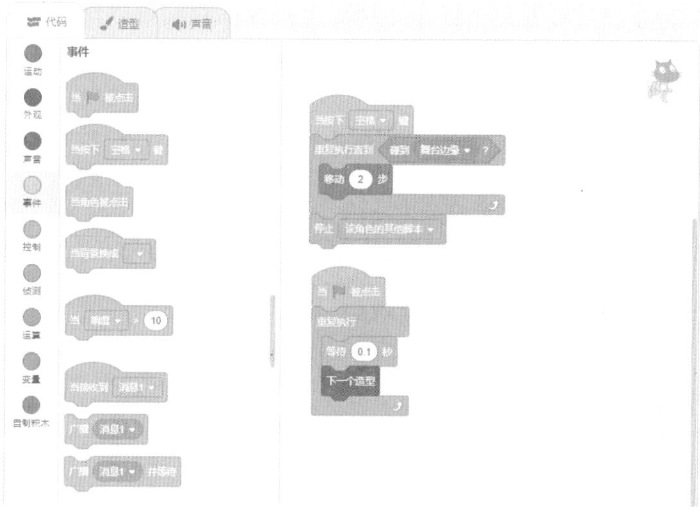

图 1-19　Scratch 的脚本区

1.4　了解 Scratch 的编程环境

Scratch 中的主角是一只小猫，它可以在你的控制下踢球，踢球的角度、速度都可以由你来控制，如图 1-20 所示。这些控制都是通过程序来实现的，使用 Scratch 编写程序一般包含布置舞台、设置角色、编写脚本、运行脚本和发布程序这几个环节。本节将综合介绍小猫踢球的操作案例，带领大家了解 Scratch 的编程环境。

图 1-20　小猫踢球

观察图 1-20，一只可爱的小猫在足球场上踢球，我们可以修改小猫踢球的舞台背景，也可以再添加一只小猫，甚至可以通过修改脚本参数改变小猫的运动速度，最后运行脚本并保存修改过的文件。

Step 01 打开 Scratch 软件，在菜单栏中单击“文件”按钮，在打开的菜单列表中单击“从电脑中打开”命令，然后从弹出的对话框中选择打开“小猫踢球 .sb3”程序文件，如图 1-21 所示。

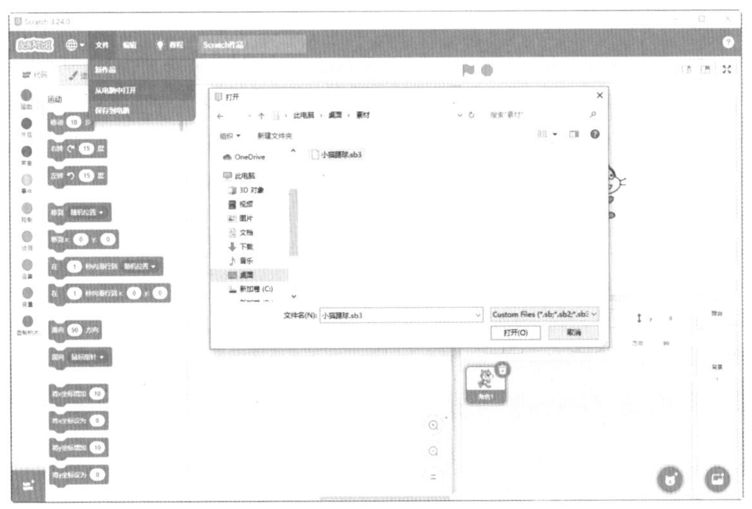

图 1-21　打开程序文件

Step 02 单击舞台右上角的“全屏模式”按钮 ，切换到全屏演示模式。

Step 03 单击舞台左上角的“运行”按钮 ，运行动画案例后，移动光标，小猫将在你的引导下踢足球，如图 1-22 所示。

图 1-22　运行程序

Step 04 单击舞台左上角的“停止”按钮，停止运行程序。

Step 05 单击舞台右上角的“退出全屏模式”按钮，返回到程序编译窗口。

Step 06 接下来我们开始修改舞台背景。单击背景区的按钮，在弹出的列表中单击按钮，如图 1-23 所示。

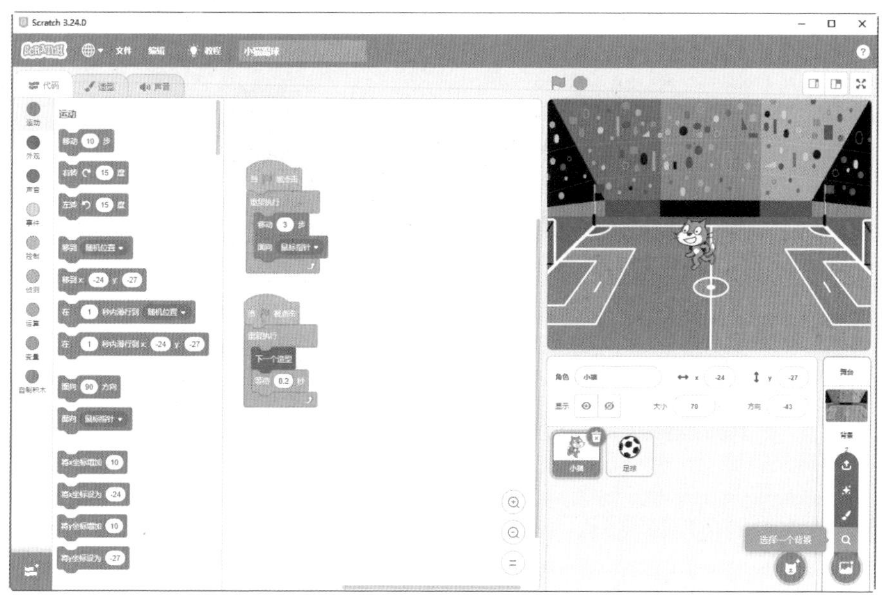

图 1-23　修改舞台背景

Step 07 从打开的背景库中任意选择一幅背景图片，如图 1-24 所示。

图 1-24　选择背景图片

Step 08 换完背景后，单击“运行”按钮，此时小猫踢球的舞台背景已更换，效果如图 1-25 所示。

图 1-25　更换舞台背景后的效果

Step 09 单击“停止”按钮，停止运行程序。然后单击背景区中的任意位置，并单击指令区的“背景”标签，在“背景”面板中单击原先的背景选项以还原舞台背景，如图 1-26 所示。

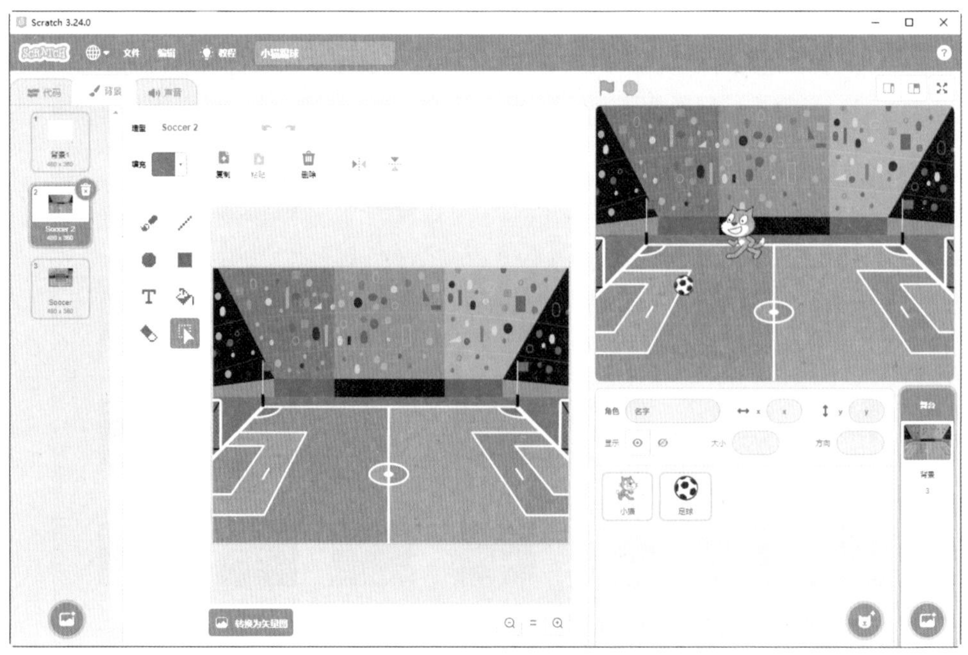

图 1-26　还原舞台背景

提示：

在编写程序的过程中，可以设计多个舞台背景，舞台的切换则可以根据程序的要求进行编程控制，此项内容在后续章节中会有详细介绍。

Step 10 接下来我们在舞台区移动“小猫”与“足球”的位置，让“小猫”准备踢定位球。用鼠标直接将角色拖到需要的位置即可，如图 1-27 所示。

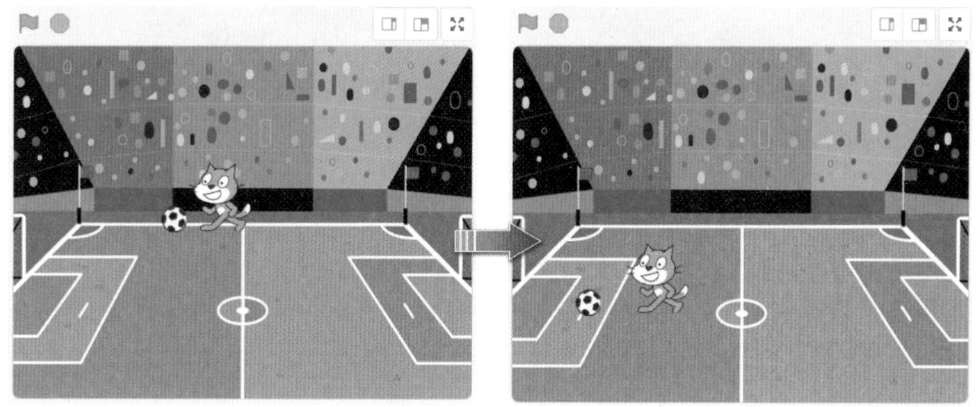

图 1-27　调整角色的位置

Step 11 接下来依次在角色区单击“小猫”和“足球”，观察角色对应的脚本，如图 1-28 所示。

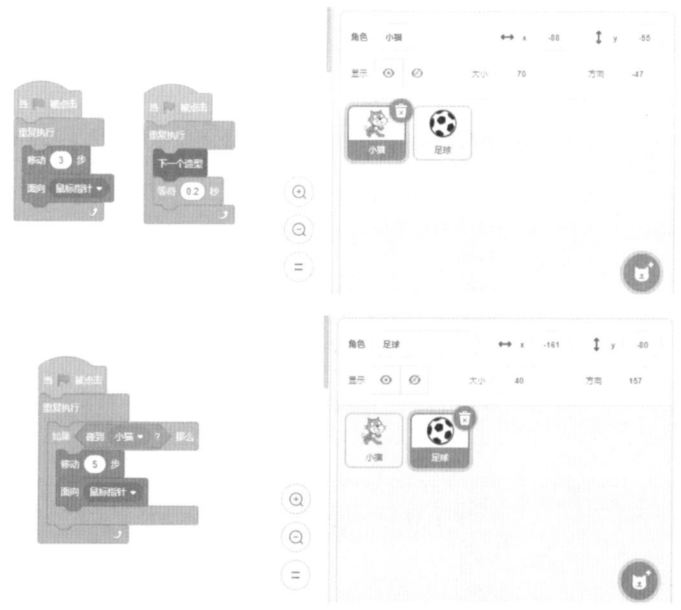

图 1-28　“小猫”和“足球”角色对应的脚本

Step 12 选择“小猫”，在脚本区修改“等待”积木中的数值为0.1，从而修改时间数值，如图1-29所示。

Step 13 选择“小猫”，在脚本区修改“移动”积木中的数值为5，从而修改小猫速度，如图1-30所示。

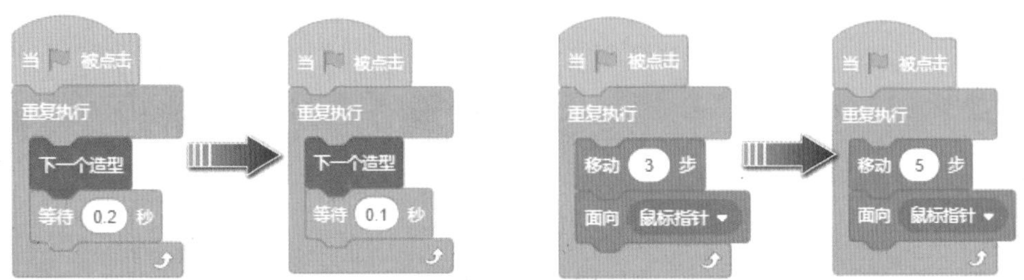

图1-29 修改时间数值　　图1-30 修改小猫速度

Step 14 单击“运行”按钮，观察动画修改后的效果。

Step 15 在菜单栏中单击“文件”按钮，在打开的菜单列表中单击“保存到电脑”命令，在弹出的对话框中保存修改后的程序文件，如图1-31所示。

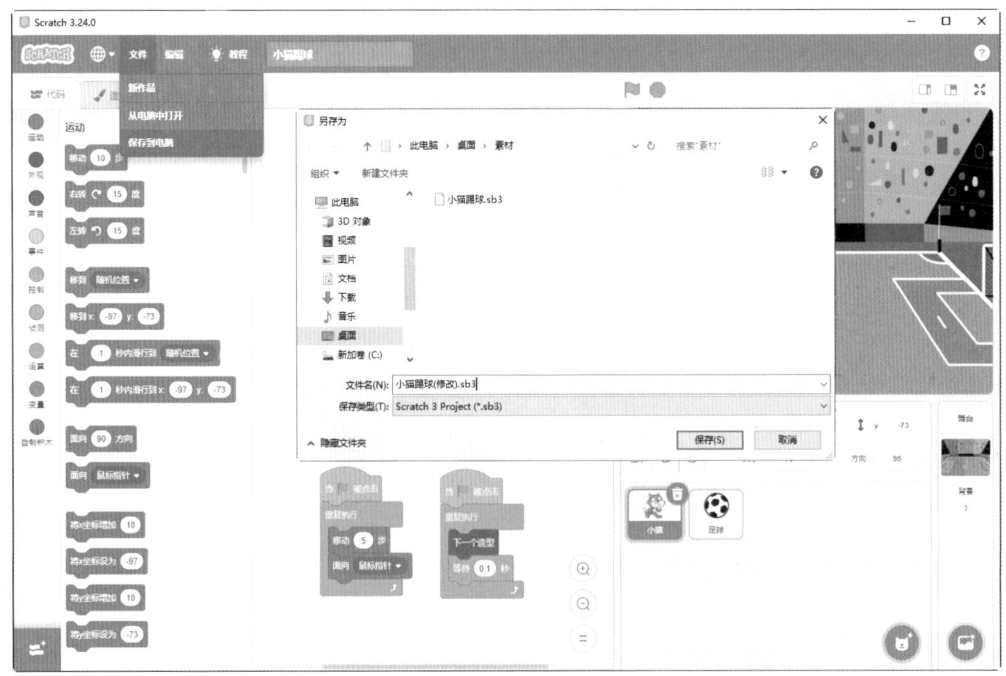

图1-31 保存修改后的程序文件

第 2 章
控制角色运动

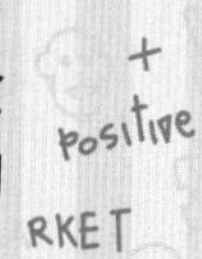

本章将通过三个简单的案例，进一步学习如何在 Scratch 软件中对角色执行移动、等待、旋转和跟随动作等基础运动操作，初步体验通过编程解决问题的过程。读者将通过控制角色的运动体验到编程的乐趣，为后面的学习打好基础。

2.1 小猫散步

本节将围绕“小猫散步”活动，首先设置一张公园草地图片作为舞台背景，然后让小猫愉快地在公园中散步，如图 2-1 所示。

图 2-1 小猫散步

2.1.1 设计分析

在“小猫散步”案例中，涉及脚本的对象有“背景”“小猫”和“蝴蝶”。当程序运行时，舞台背景将切换成公园的草地，小猫在草地上愉快地跑来跑去，蝴蝶停留在花朵上取蜜。“小猫散步”案例中的舞台背景和角色如表 2-1 所示。

表 2-1 舞台背景和角色

舞台背景	角色

为了实现小猫在草地上散步的效果，需要对场景和每个角色进行细致的规划。主要的脚本规划如下。

- “小猫”角色：程序开始时，在舞台上左右移动，碰到边缘就反弹，需要用到“事件”“外观”和“运动”积木。
- “蝴蝶”角色：程序开始时，在花朵上拍动翅膀并飞舞，需要用到“事件”和“外观”积木。

2.1.2 程序编写

接下来编写程序。我们首先需要准备好背景、花朵图案和相应的角色。其中，背景是背景库中的图片，而花朵图案需要从外部导入，角色“小猫”与“蝴蝶”可直接从角色库中选择。

Step 01 打开 Scratch 软件，单击背景区的按钮，在背景库中选择一张图片作为舞台背景，如图 2-2 所示。

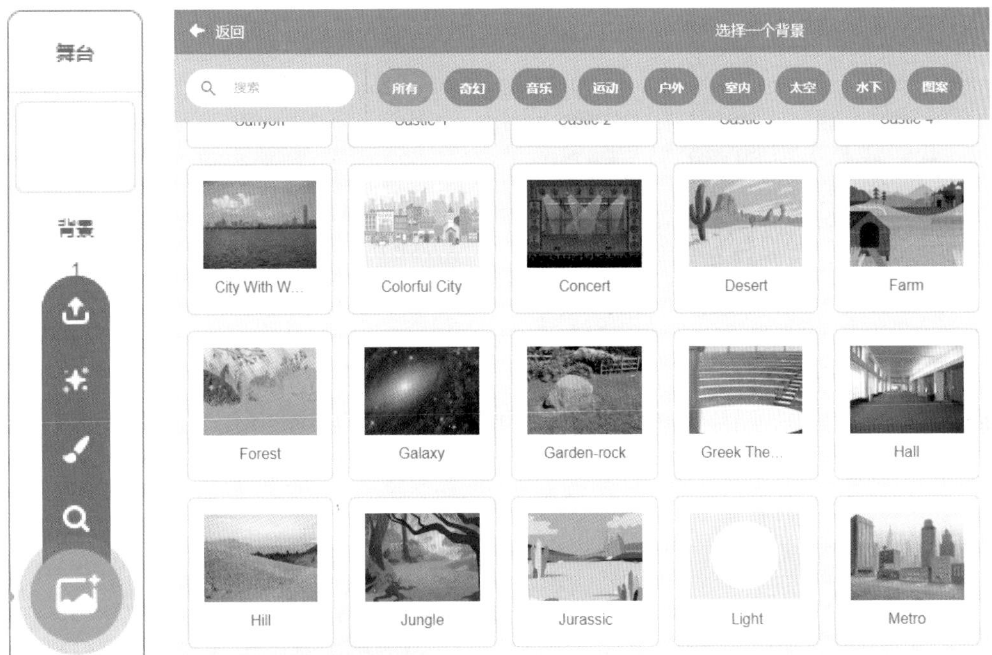

图 2-2　添加舞台背景

Step 02 单击角色区的按钮，导入角色库中的角色 Butterfly 2，如图 2-3 所示，并将“蝴蝶”角色移到合适位置。

Step 03 单击角色区的按钮，在弹出的列表中单击“上传角色”按钮，在弹出的“打开”对话框中选择“小花”图片，将其加入程序中，如图 2-4 所示。

图 2-3　添加“蝴蝶”角色

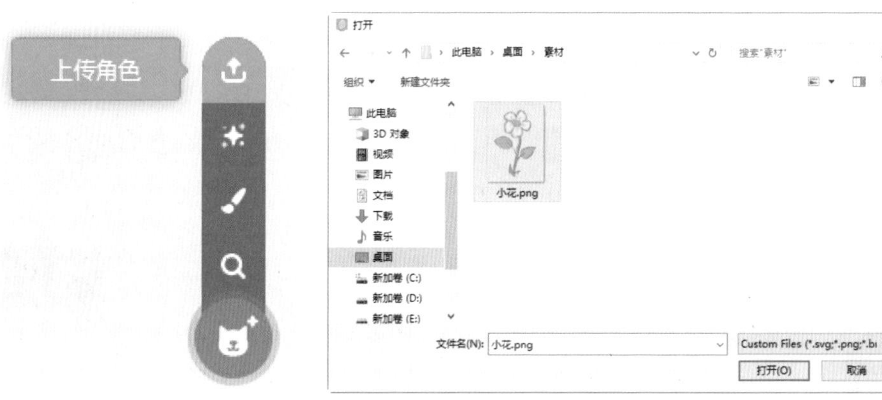

图 2-4　添加“小花”图片

Step 04 将“小花”图片移到舞台区“蝴蝶”角色的右下方，如图 2-5 所示。

图 2-5　移动“小花”图片

Step 05 在菜单栏中单击“文件”按钮，在打开的菜单列表中单击“保存到电脑”命令，将文件以“小猫散步.sb3”为名保存到文件夹中。

接下来编写脚本。在本例中，我们需要分别为两个角色编写脚本，从而让这两个角色在程序运行时，分别做出相应的动作。

为此，首先编写“小猫”脚本。当单击“运行”按钮时，让小猫开始沿着水平方向向右移动，遇到边缘时反弹，并且旋转方向是水平的。

Step 01 单击选中“小猫”角色，选择“代码”标签，搭建积木并修改参数，使小猫能水平移动，碰到边缘就反弹，如图2-6左图所示。

Step 02 单击选中“小猫”角色，添加如图2-6右图所示的积木并修改参数，使小猫能在两个造型之间切换，产生走动的效果。

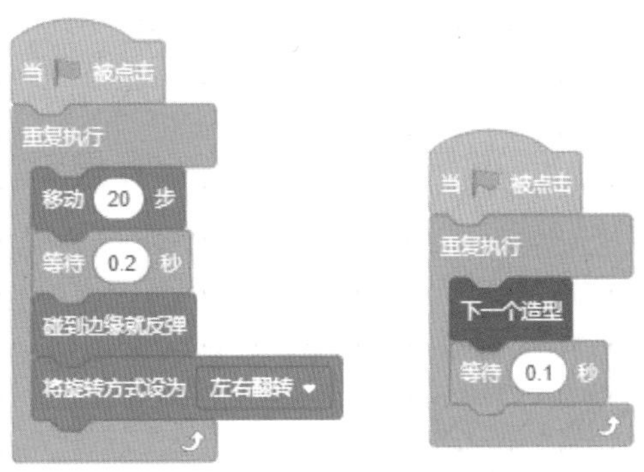

图2-6 编写“小猫”脚本

然后编写“蝴蝶”脚本。为了达到让蝴蝶停留在花朵上的效果，蝴蝶的位置应该在花朵上，并且当单击“运行”按钮时，使蝴蝶切换造型，产生拍翅膀的效果。

Step 01 单击选中“蝴蝶”角色，选择“代码”标签，添加如图2-7所示的积木并修改参数，使蝴蝶产生飞的效果。

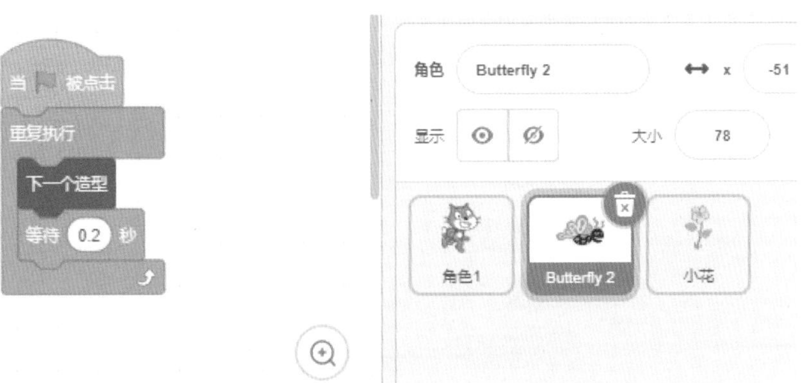

图2-7 编写“蝴蝶”脚本

Step 02 单击“运行”按钮，运行程序并观察动画效果，根据测试结果进一步调试、完善作品。

Step 03 在菜单栏中单击“文件”按钮，在打开的菜单列表中单击“保存到电脑”命令，保存文件。

2.1.3 知识点拨

1. 使用舞台背景编辑工具

舞台背景编辑工具有 8 个，名称和功能如下所示，使用这些工具可以方便地修改背景或自己绘制背景。

- “画笔”工具：使用不同颜色和笔刷画画。
- “直线”工具：画直线。
- “椭圆”工具：画圆（配合 Shift 键）或椭圆。
- “矩形”工具：画正方形（配合 Shift 键）或长方形。
- “文本”工具 T：添加英文文字。
- “填充”工具：对封闭图形填充纯色或渐变色。
- “擦除”工具：删除橡皮擦经过的区域（以背景色进行填充）。
- “选择”工具：选择并复制图形。

2. 编辑积木的几种方法

在 Scratch 中，可以对积木执行添加、删除、复制、移动等编辑操作，从而方便用户使用积木搭建各种脚本。

- 添加积木：选中指令区的“模块”，可选择将不同的积木拖到脚本区。通过执行如图 2-8 所示的操作，可将“事件”模块中的“当被点击”积木添加到脚本区。

图 2-8　添加积木

■ 删除积木：在脚本区右击积木，选择快捷菜单中的“删除”命令，即可删除积木。通过执行如图 2-9 所示的操作，可以删除“当🏴被点击”积木。

图 2-9　删除积木

■ 修改积木参数：双击积木中的参数，可对参数进行修改。通过执行如图 2-10 所示的操作，可将积木中的参数由 10 步修改为 5 步。

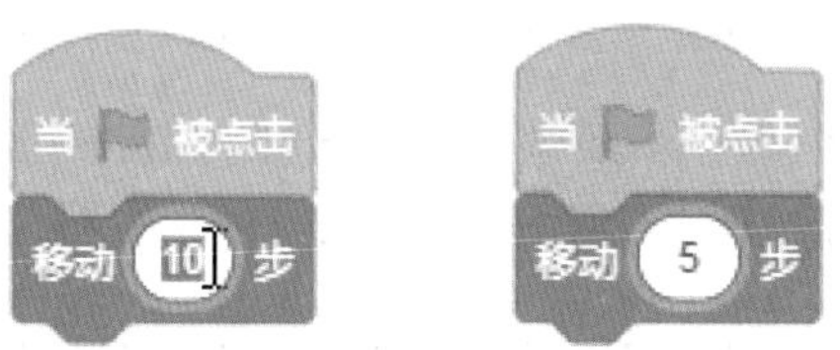

图 2-10　修改积木参数

■ 移动积木：可通过拖动的方法移动脚本区的积木。通过执行如图 2-11 所示的操作，可将积木移到“当角色被点击”积木的下方。

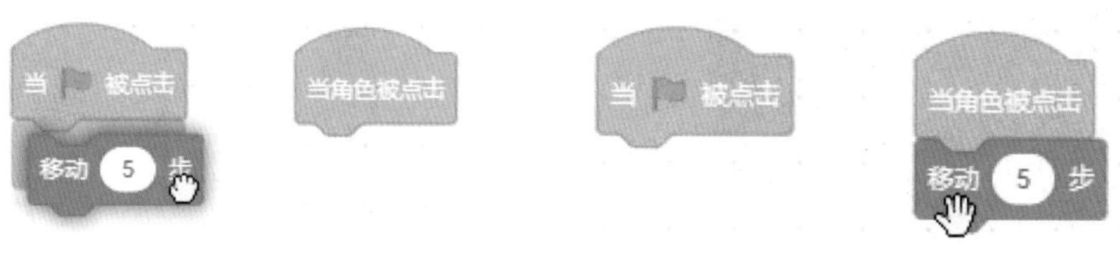

图 2-11　移动积木

2.2 学跳舞

本节将围绕“学跳舞”活动，首先设置一张演出场景图片作为舞台背景，然后让人物对象欢快地在舞台上跳舞，如图 2-12 所示。

图 2-12　学跳舞

2.2.1 设计分析

在“学跳舞”案例中，涉及脚本的对象有 Ballerina、Cassy Dance 和 Jouvi Dance。当程序开始时，背景将切换成表演舞台，“小猫”等角色出现在舞台上，单击除了小猫以外的其他角色，这些角色就会舞动起来，并在音乐播放结束后停止跳舞。“学跳舞”案例中的舞台背景和角色如表 2-2 所示。

表 2-2　舞台背景和角色

舞台背景	角色

为了实现“学跳舞”的程序效果，需要对场景和每个角色进行细致的规划。主要的脚本规划如下。

■ Ballerina 角色：单击角色时，播放音乐并开始运动，当接收到消息时停止运动，需要用到“事件”和“外观”积木。

■ Cassy Dance 角色：单击角色时开始运动，当接收到消息时停止运动，需要用到“事件”和“外观”积木。

■ Jouvi Dance 角色：单击角色时开始运动，当接收到消息时停止运动，需要用到“事件”和“外观”积木。

2.2.2 程序编写

在编写程序之前，我们需要准备好背景和相应的角色。该案例需要一张图片作为背景，此处还需要 4 个角色。背景与角色分别来自背景库与角色库。

Step 01 打开 Scratch 软件，单击背景区的 按钮，在背景库中选择一张图片作为舞台背景，如图 2-13 所示。

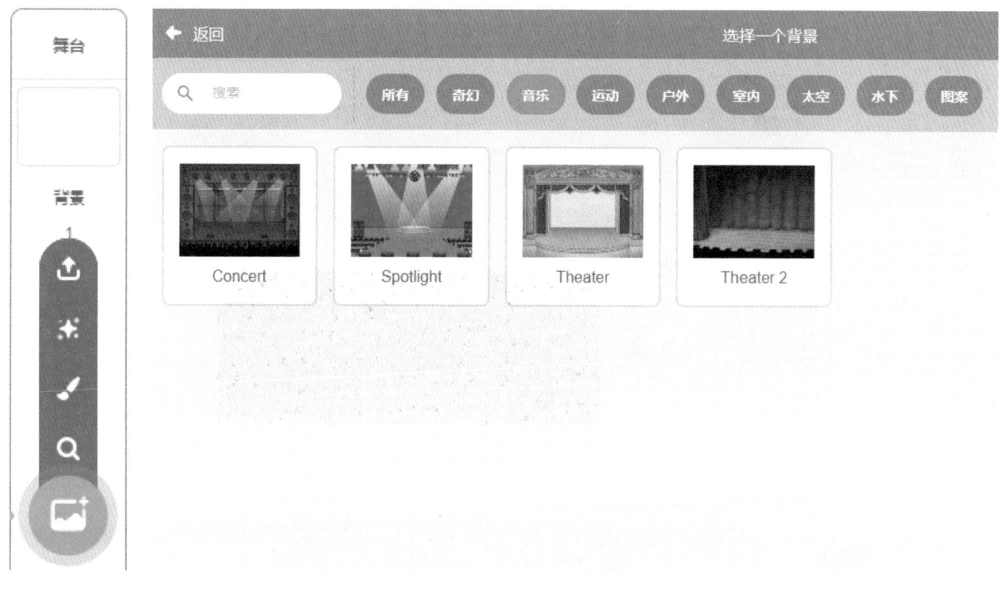

图 2-13 添加舞台背景

Step 02 选择舞台，删除空白背景，如图 2-14 所示。

Step 03 选择舞台，将背景图片重命名为“背景”，如图 2-15 所示。

Step 04 单击角色区的 按钮，从打开的角色库中导入角色 Ballerina，如图 2-16 所示。

图 2-14　删除空白背景

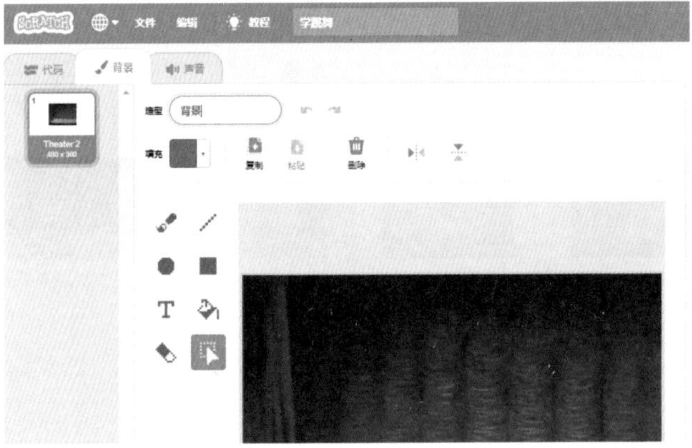

图 2-15　重命名背景

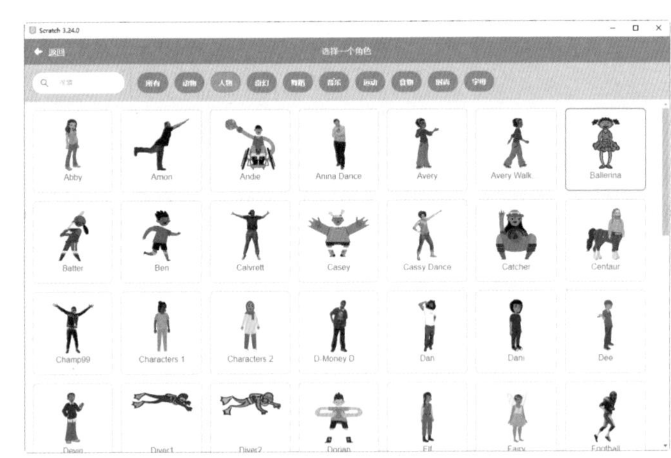

图 2-16　添加角色

Step 05 单击选中角色 Ballerina，选择“声音”标签，在“声音”面板中删除角色原先的音乐，如图 2-17 所示。

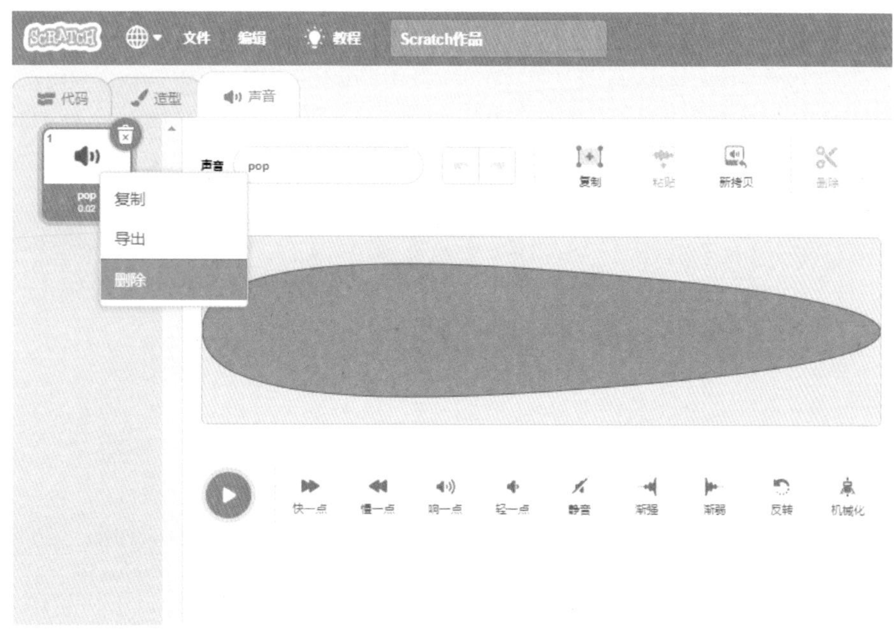

图 2-17 删除音乐

Step 06 单击“声音”面板中的按钮，在打开的声音库中为角色添加音乐，如图 2-18 所示。

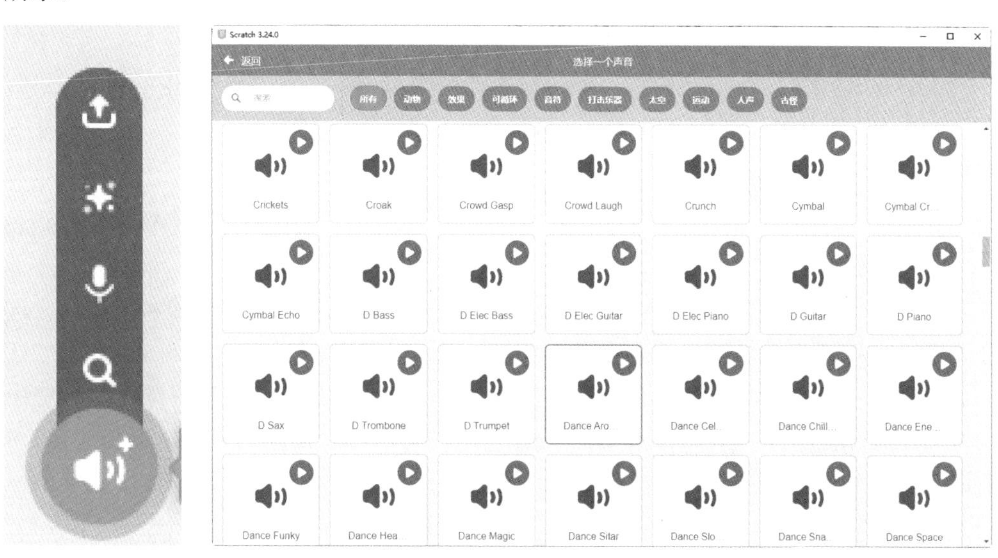

图 2-18 为角色添加音乐

Step 07 使用同样的方法，添加其他角色——Cassy Dance 和 Jouvi Dance。

Step 08 接下来修改角色的大小。选中 Cassy Dance 角色，在角色区将大小数值由100 改为 70，如图 2-19 所示。

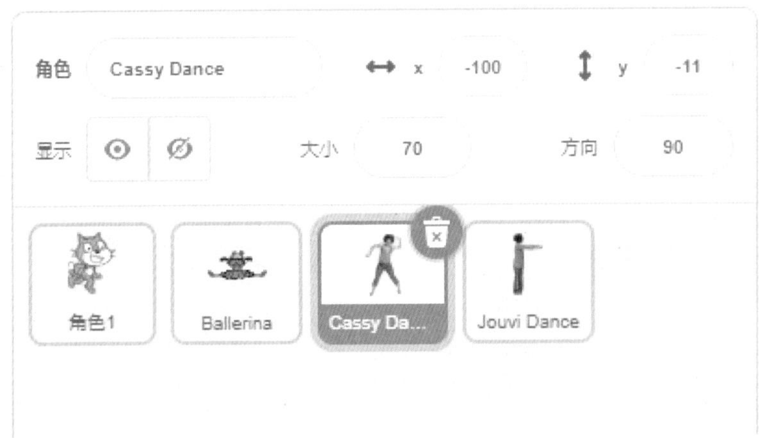

图 2-19　修改 Cassy Dance 角色的大小

Step 09 选中 Jouvi Dance 角色，在角色区将大小数值由 100 改为 60，如图 2-20 所示。

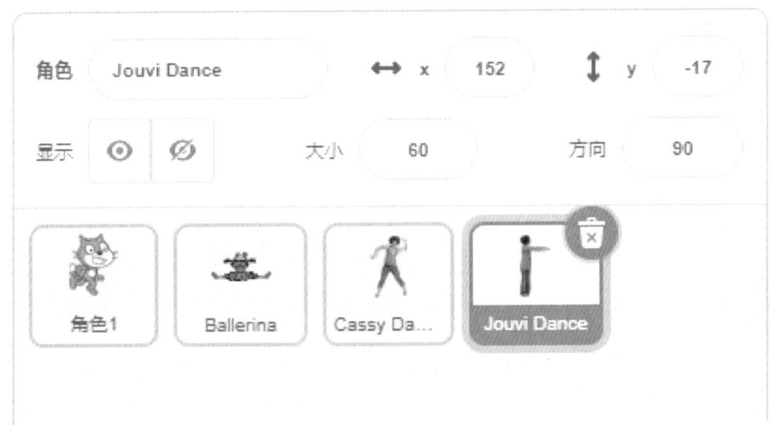

图 2-20　修改 Jouvi Dance 角色的大小

接下来编写脚本。在本案例中，我们需要分别为 3 个角色编写脚本，从而让这 3 个角色根据不同的情况做出相应的动作。

为此，首先编写 Ballerina 脚本。当程序运行时，Ballerina 没有跳舞，而当使用鼠标单击该角色时，音乐响起，Ballerina 开始跳舞，音乐播放结束后，舞蹈停止。

Step 01 单击角色区的 Ballerina，添加如图 2-21 所示的积木并修改参数，使该角色在被单击时播放音乐，音乐播放完毕后，发出消息“跳完了”。

Step 02 添加如图 2-22 所示的积木并修改参数，使得当单击角色 Ballerina 时，不停地切换造型。

图 2-21 编写音乐播放脚本

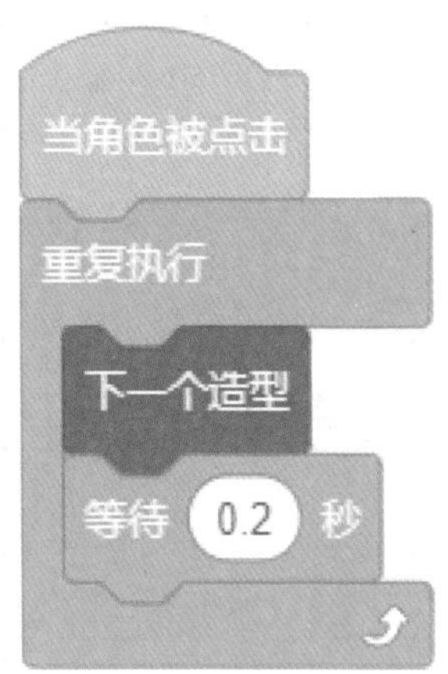

图 2-22 编写造型切换脚本

Step 03 添加如图 2-23 所示的积木，当接收到消息“跳完了”时，停止所有脚本。

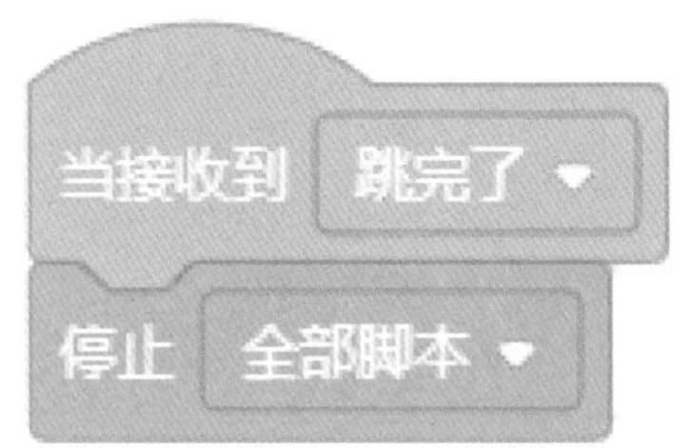

图 2-23 编写停止脚本

然后为其他角色编写脚本。当角色的动作相同时，可以先编写其中一个角色的脚本，之后再复制到其他角色中并进行修改。

Step 01 选中角色 Ballerina，按照图 2-24 所示进行操作，将角色 Ballerina 中的脚本复制到角色 Cassy Dance 中。

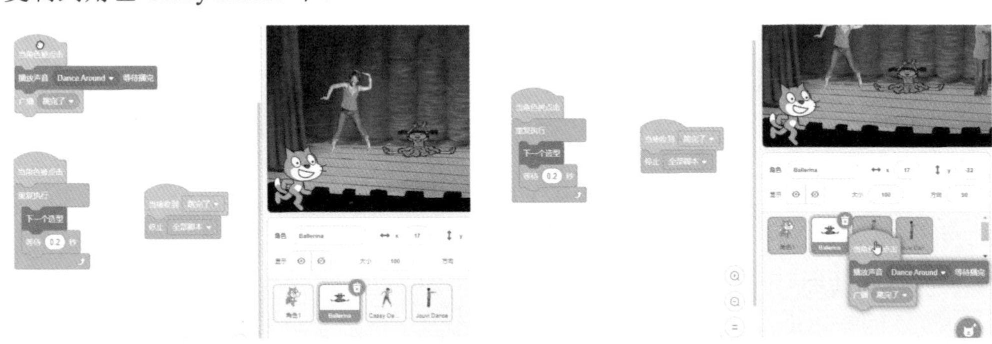

图 2-24 复制脚本

Step 02 使用同样的方法，将角色 Ballerina 中的脚本复制到其他角色中。

Step 03 单击“运行”按钮，运行程序并观察动画效果，根据测试结果进一步调试、完善作品。

Step 04 在菜单栏中单击“文件”按钮，在打开的菜单列表中单击“保存到电脑”命令，保存文件。

2.2.3 知识点拨

1. 顺序结构

顺序结构的程序从第一行指令开始，由上而下按顺序执行，直到执行完最后一行指令才结束。顺序结构的执行流程如图 2-25 所示。

2. 选择结构

选择结构的程序根据特定条件的判断结果，决定执行何种流程，分为单一条件判断、双条件判断与嵌套条件判断。选择结构的执行流程如图 2-26 所示。

图 2-25　顺序结构的执行流程

图 2-26　选择结构的执行流程

3. 循环结构

循环结构的程序会反复执行循环体内的指令，直到特定条件出现时才停止执行。Scratch 中的循环结构指令包括 3 种：循环一定次数、无限循环和条件循环。

■ 循环一定次数：执行循环体内的指令，移动 10 步，等待 1 秒，执行 10 次后停止，如图 2-27 所示。

■ 无限循环：重复执行循环体内的指令，向右旋转 15 度，等待 1 秒，永不停止，如图 2-28 所示。

■ 条件循环：如果没有“碰到边缘”，就一直执行循环体内的指令，移动 10 步，等待 1 秒，碰到边缘就停止循环，如图 2-29 所示。

图 2-27　循环一定次数

图 2-28　无限循环

图 2-29　条件循环

2.3　捉老鼠

本节将围绕“捉老鼠”活动，首先设置一张房屋场景图片作为舞台背景，然后让小猫施展本领抓住老鼠，如图 2-30 所示。

图 2-30　捉老鼠

2.3.1　设计分析

在“小猫捉老鼠”案例中，涉及脚本的对象是“小猫”和“老鼠”。当程序开始执行时，“小猫”随着鼠标移动，“老鼠”在舞台上灵活移动；当小猫捉到老鼠时，播放声音“喵”并说“抓到老鼠了”。“小猫捉老鼠”案例中的舞台背景和角色如表 2-3 所示。

表 2-3　舞台背景和角色

舞台背景	角色

为了实现“捉老鼠”的程序效果，需要对场景和每个角色进行细致的规划。主要的脚本规划如下。

- “小猫”角色：程序运行时，跟随鼠标移动，碰到老鼠时，发出声音“喵”并说“抓到老鼠了”，随即停止程序，需要用到“事件”“外观”“运动”和“控制”积木。
- “老鼠”角色：程序运行时，显示并随机移动，遇到小猫时隐藏，需要用到“事件”“外观”“运动”和“控制”积木。

2.3.2 程序编写

在编写程序之前，我们需要准备好背景和相应的角色。该案例需要一张图片作为背景，角色是“小猫”和“老鼠”，背景与角色分别来自背景库与角色库。

Step 01 打开 Scratch 软件，单击背景区的按钮，从背景库中选择一张图片作为舞台背景，如图 2-31 所示。

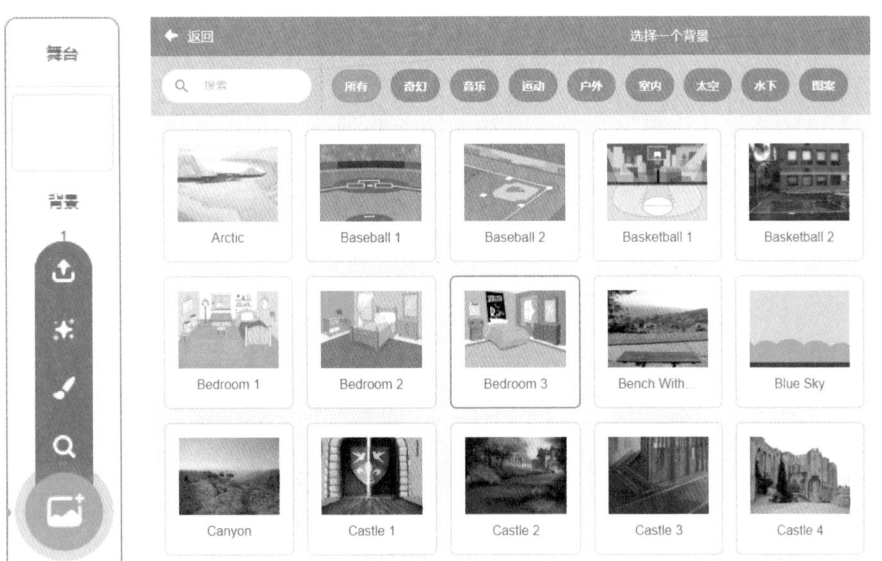

图 2-31　添加舞台背景

Step 02 单击角色区的按钮，导入角色库中的角色 Mouse1，如图 2-32 所示。

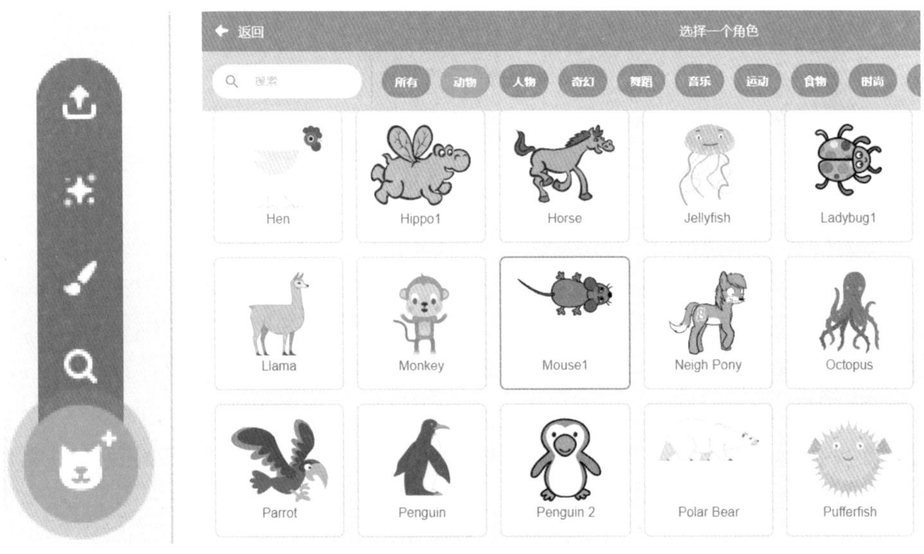

图 2-32　添加“老鼠”角色

Step 03 在菜单栏中单击“文件”按钮，在打开的菜单列表中单击“保存到电脑”命令，将文件以“捉老鼠.sb3”为名保存到文件夹中。

接下来编写脚本。在本案例中，我们需要分别为两个角色编写脚本，从而让这两个角色根据不同的情况分别做出相应的动作。

为此，首先编写“小猫”脚本。当单击“运行”按钮时，小猫跟随鼠标移动，当小猫碰到老鼠时，播放声音“喵”并说“抓到老鼠了”，脚本停止运行。

Step 01 单击选中“小猫”角色，添加如图2-33所示的积木并修改参数，使程序运行时小猫能跟随鼠标移动。

Step 02 单击选中“小猫”角色，添加如图2-34所示的积木并修改参数，使小猫在碰到老鼠时发出“喵”的声音并说“抓到老鼠了”，然后停止。

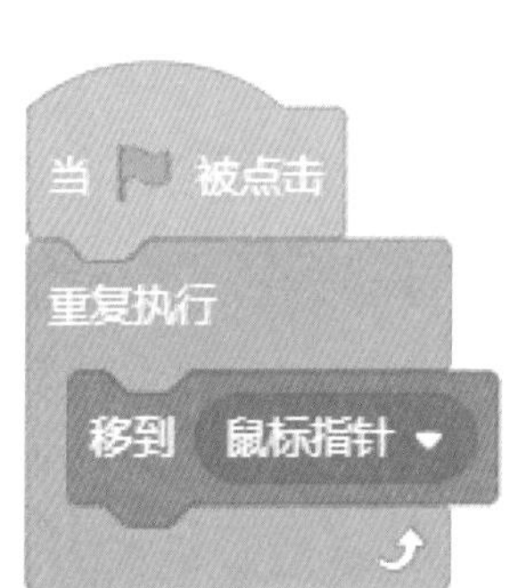

图2-33 编写小猫跟随鼠标的脚本

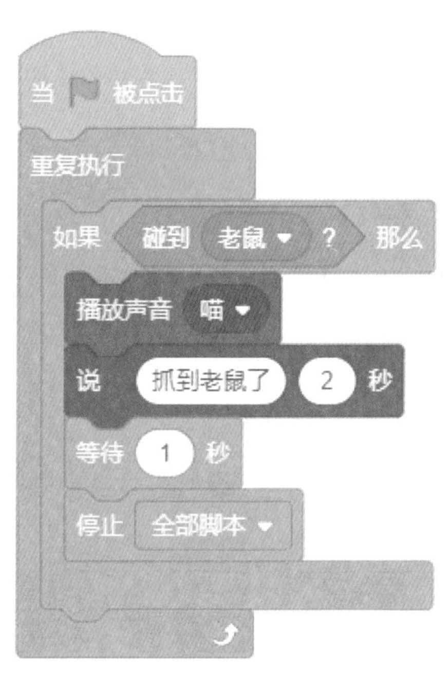

图2-34 编写小猫抓到老鼠的脚本

然后编写“老鼠”脚本。老鼠的移动速度与移动方向都是随机的，当老鼠碰到小猫时，老鼠将隐藏，表示已被吃掉。

Step 01 单击选中“老鼠”角色，添加如图2-35所示的积木，使程序运行时，老鼠显示在舞台上。

Step 02 单击选中“老鼠”角色，添加如图2-36所示的积木，使老鼠能在两个造型之间进行切换，产生老鼠在动的效果。

图 2-35　编写显示老鼠的脚本

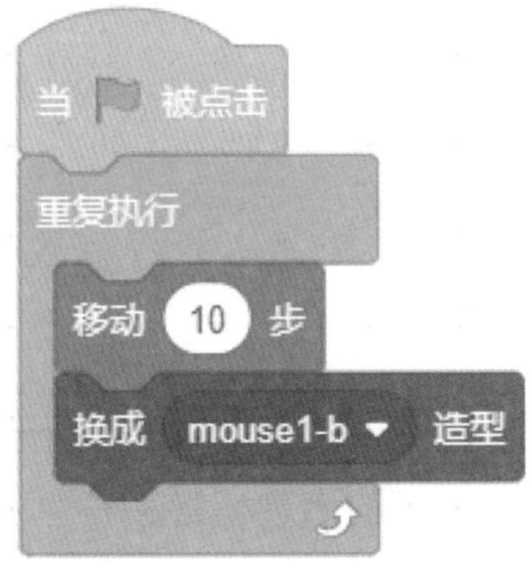

图 2-36　编写造型切换脚本

Step 03 添加如图 2-37 所示的积木并修改参数，使程序运行时，老鼠能够灵活移动。

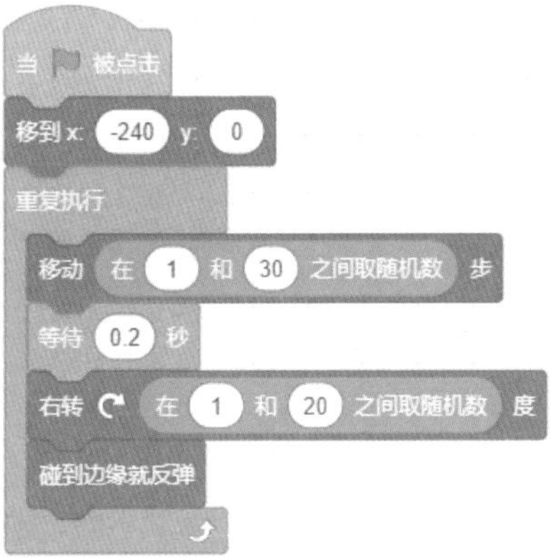

图 2-37　编写老鼠随机移动的脚本

Step 04 添加如图 2-38 所示的积木并修改参数，使老鼠在碰到小猫时隐藏，产生被吃掉的效果。

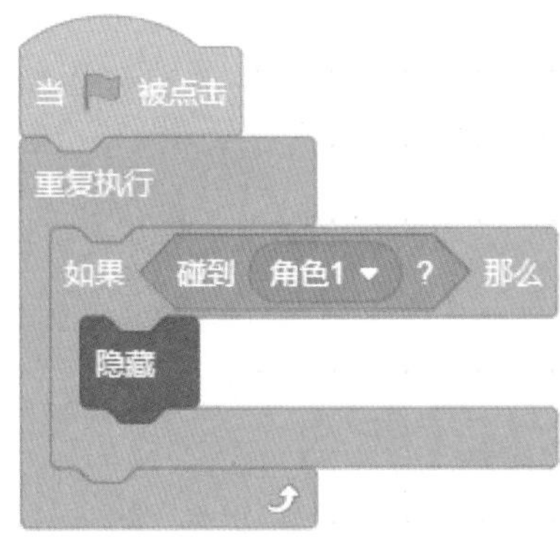

图 2-38　编写老鼠被小猫吃掉的脚本

Step 05 单击“运行”按钮，运行程序并观察动画效果，根据测试结果进一步调试、完善作品。

Step 06 在菜单栏中单击“文件”按钮，在打开的菜单列表中单击“保存到电脑”命令，保存文件。

2.3.3 知识点拨

程序流程图表示程序中操作的先后顺序。Scratch 虽然不用直接输入代码，但编程时仍不可避免地要对问题进行算法分析，借助程序流程图来分析问题是编程中最常用的一种方法。程序流程图能使复杂的问题简单化，并提高工作效率。程序流程图中常用图形符号对应的名称和作用如下。

- 起止框⬭：表示程序的开始或终止。
- 过程框▭：表示过程。
- 判断框◇：表示进行条件判断。
- 输入输出框▱：表示数据输入或输出。
- 流程线→|：带有箭头，表示程序走向。

第 3 章

绘制图形效果

通过前两章的学习，我们掌握了使用“移动”积木指挥角色在舞台上行走的方法。其实，每个角色都有一支看不见的画笔，这支画笔可以轻松描绘出角色的行走轨迹，从而绘制出不同类型的图形。本章将围绕 Scratch 软件中的“画笔”模块，通过绘图案例介绍绘制各种图形的方法。

3.1 绘制彩色线条

Scratch 中的每一个角色都有一支看不见的画笔，这支画笔有两种状态：“抬笔”或“落笔”。当画笔状态是“落笔”时，角色在移动过程中，便会在舞台上留下轨迹；反之，当画笔状态是“抬笔”时，角色在移动时不会留下轨迹。绘图时，只要通过灵活运用画笔类积木来变化画笔的状态和属性 (颜色、大小、亮度)，就能绘制出各种变幻的线条和图案。图 3-1 展示了色彩变幻的彩色线条图形。

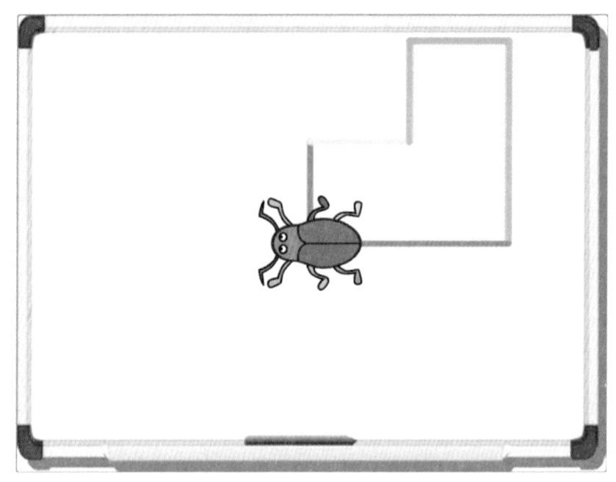

图 3-1 彩色线条图形

3.1.1 设计分析

在运用 Scratch 绘画前，需要首先选择画笔、画布，并对画笔 (角色) 进行初始化设置，这样可以保证脚本每次运行时的效果相同。画笔的初始化除了包括设置角色的位置、大小、方向、旋转模式之外，还包括调整画笔的属性，如清除笔迹、设置画笔的粗细、颜色等。这个案例的舞台背景和角色如表 3-1 所示。

表 3-1 舞台背景和角色

舞台背景	角色
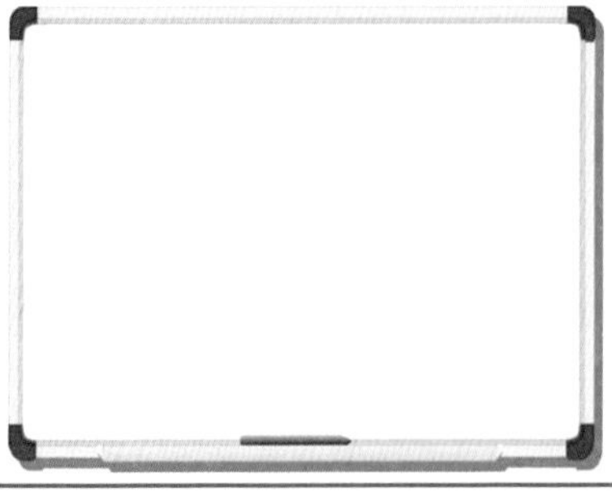	

为了在舞台的中央绘制图 3-1 所示的彩色线条图形，我们需要设置角色 (画笔) 和画布，并且调整画笔的初始状态等。舞台的初始化状态如图 3-2 所示。

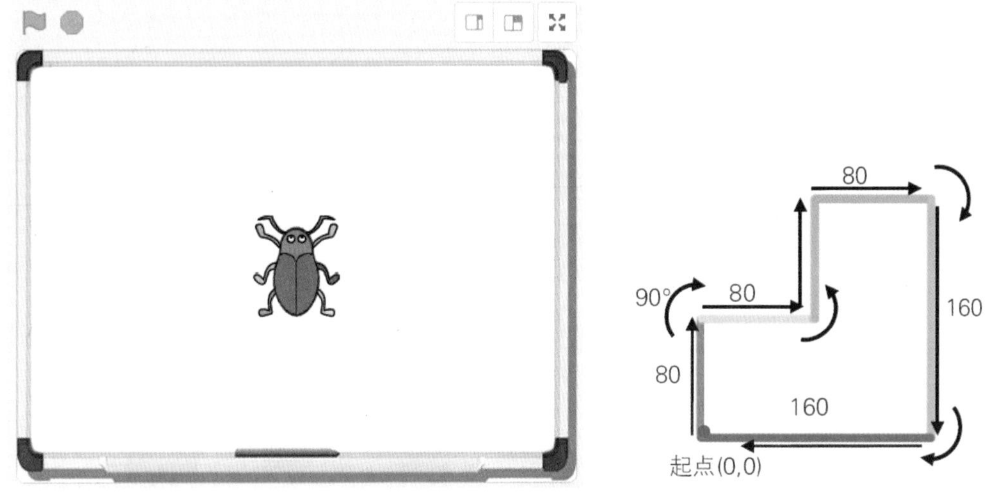

图 3-2 舞台的初始化状态

接下来，我们需要选择相应的积木，指挥角色行走并画线。当角色行走时，如果能够不断调整画笔的颜色、粗细等属性，画出的线条就会更加变幻无穷，多姿多彩。主要的脚本规划如下。

“甲虫”角色：程序开始时，初始化甲虫的位置和方向，并初始化画笔的颜色、粗细、落笔等；等到甲虫开始移动并转向时，完成绘画即可；需要用到“事件”“外观”“运动”和“画笔”积木。

3.1.2 程序编写

接下来编写程序。我们首先需要准备好背景和相应的角色。该案例需要一张白板图片作为背景，角色是“甲虫”。其中，白板图片需要从外部导入，角色“甲虫”可直接从角色库中选择。

Step 01 打开 Scratch 软件，单击背景区的按钮，在弹出的列表中单击“上传背景”按钮，在“打开”对话框中选择“白板 .jpg”图片，将其添加到程序中，如图 3-3 所示。

Step 02 单击角色区的按钮，导入角色库中的角色 Beetle，如图 3-4 所示。删除默认的“角色 1”，并将“甲虫”角色移到合适位置。

Step 03 接下来修改角色的大小。选中 Beetle 角色，在角色区将大小数值改为 65，如图 3-5 所示。

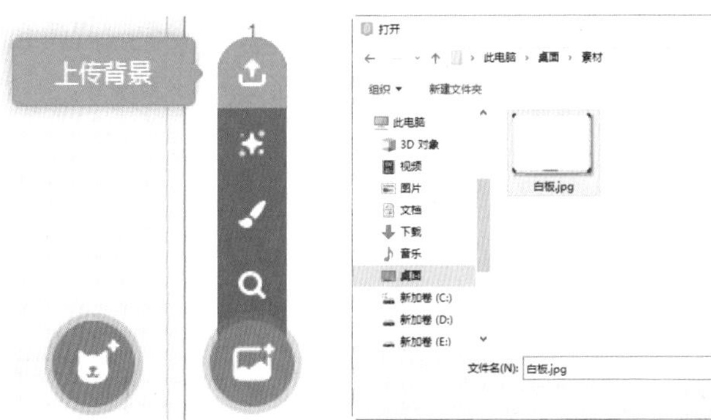

图 3-3 添加舞台背景

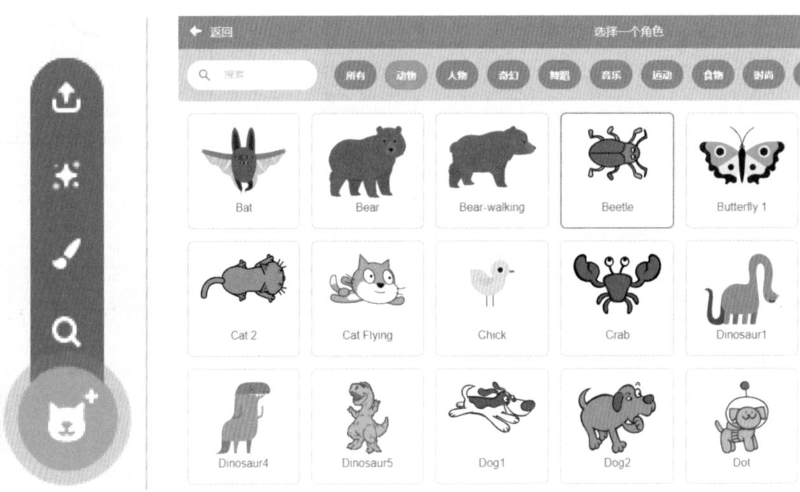

图 3-4 添加角色

图 3-5 修改 Beetle 角色的大小

设置好背景与角色后，就可以根据前面的规划为角色添加脚本了。下面先对 Beetle 角色进行画笔的初始化，之后再根据事先规划的路径进行绘画。

画笔的初始化主要涉及两个方面：一是角色位置的初始化，即确定角色在舞台中的出发位置；二是画笔粗细与颜色的初始化。

Step 01 选择 Beetle 角色，拖动“事件”模块下的“当▶被点击”积木到脚本区，按照图 3-6 所示进行操作，将画笔的初始位置设定为舞台的中央。

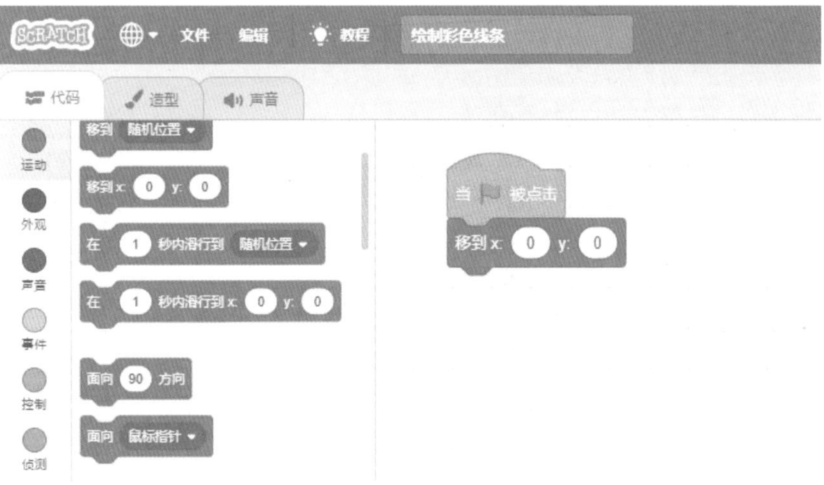

图 3-6　设置画笔的初始位置

Step 02 按照图 3-7 所示进行操作，拖动指针，将方向参数修改为 0，使 Beetle 角色的运动方向朝上。

图 3-7　设置初始方向

提示：

使用“面向……方向”积木可以将角色旋转到任意角度。单击参数可直接修改角度，也可通过拖动参数下方的指针来进行修改。

Step 03 单击指令区的“添加扩展”按钮，按照图 3-8 所示进行操作，将“画笔”模块添加到脚本区。

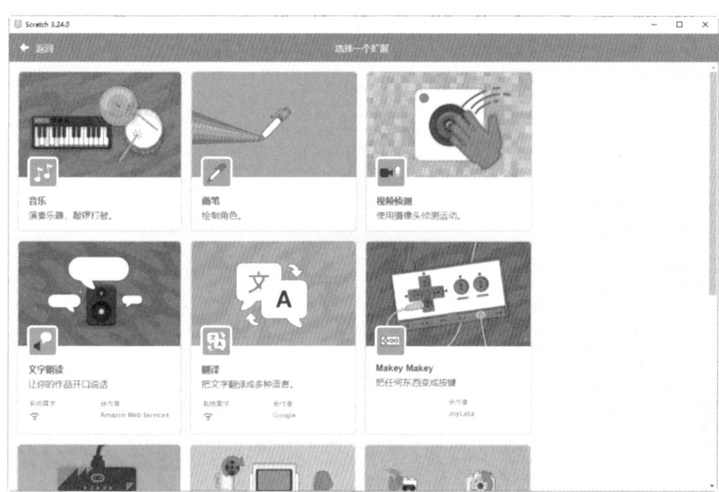

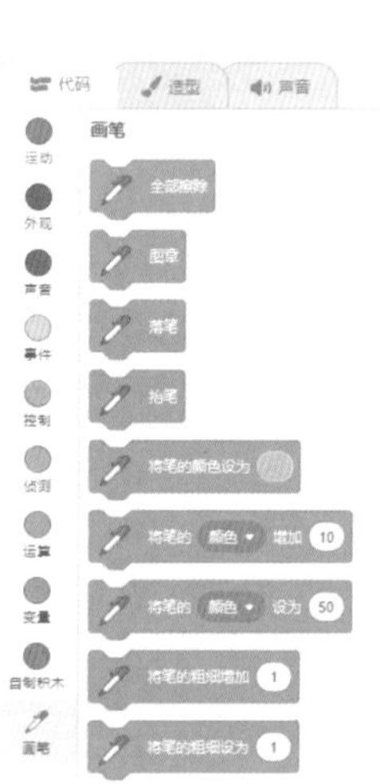

图 3-8　添加“画笔”模块

Step 04 按照图 3-9 所示进行操作，添加设置画笔颜色的积木。

图 3-9　添加设置画笔颜色的积木

Step 05 按照图 3-10 所示进行操作，将画笔的颜色修改为与 Beetle 头部相同的橘黄色。

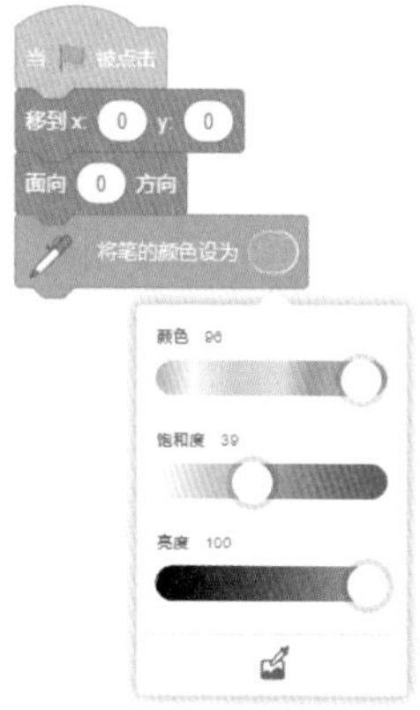

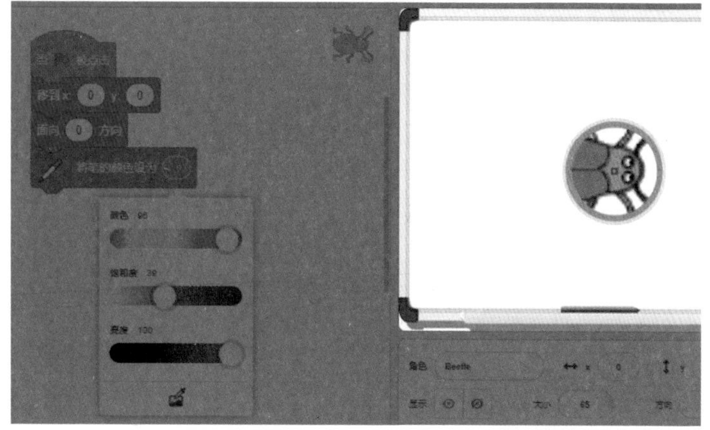

图 3-10 修改画笔颜色

提示:

单击“将笔的颜色设为”积木中的色块，鼠标将变成“放大镜”形状。移动鼠标并在舞台中相应的颜色上单击，即可拾取单击的颜色。

Step 06 按照图 3-11 所示进行操作，设置画笔的粗细为 5。

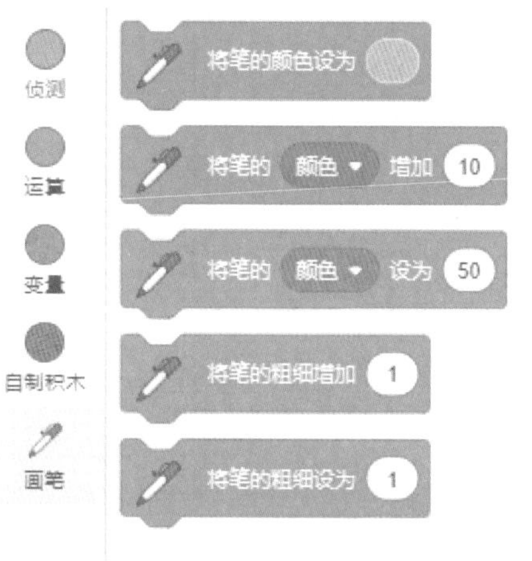

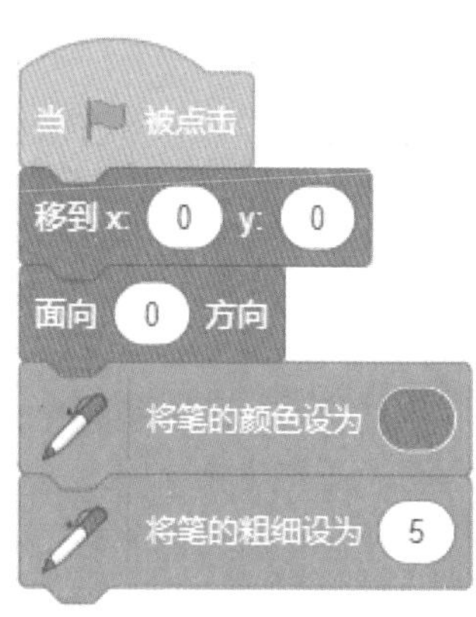

图 3-11 设置画笔的粗细

提示:

“将笔的粗细设为”积木决定了画笔的粗细程度。数值越大，笔尖越粗；反之，笔尖越细。

Step 07 按照图 3-12 所示进行操作，设置画笔状态为“落笔”并擦除所有笔迹。

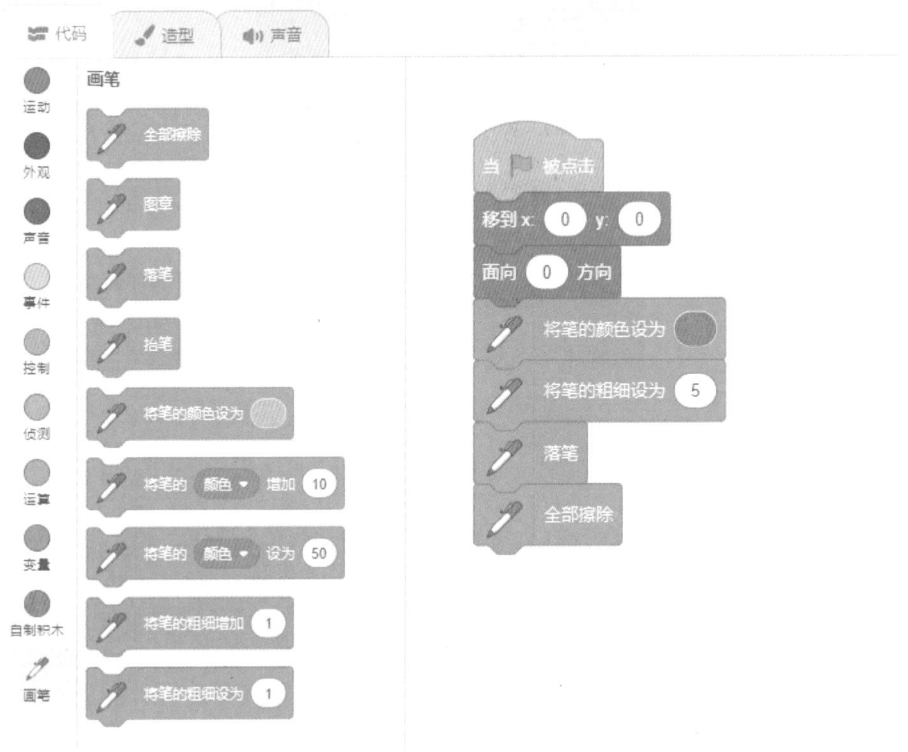

图 3-12　设置画笔状态并擦除所有笔迹

画笔的初始状态设置完之后，接下来就可以指挥 Beetle 角色按照事先规划的路线进行行走了。

Step 01 选择“运动”模块，拖动“移动”积木到初始化脚本的下方，修改参数值为 80，绘制图形的第 1 条边。

Step 02 拖动“右转”积木到上一积木的下方，修改参数值为 90，确定 Beetle 角色下一步的行走方向。

Step 03 按照同样的方法，选择相应的积木以指挥 Beetle 角色行走，同时绘制其他线条，脚本如图 3-13 所示。

提示：

向右旋转为顺时针旋转，与时钟指针的旋转方向相同；反之，向左旋转为逆时针旋转。

Step 04 为保证每条边的颜色不同，可以在绘制下一条边之前改变颜色。按照图 3-14 所示进行操作，为第 2 条边改变颜色。

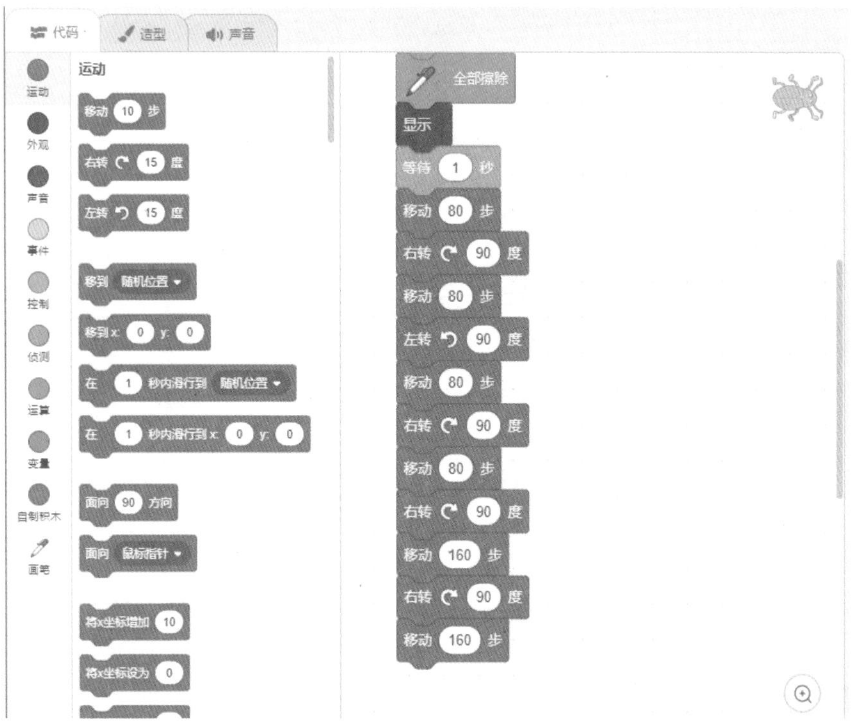

图 3-13　编写画笔行走脚本

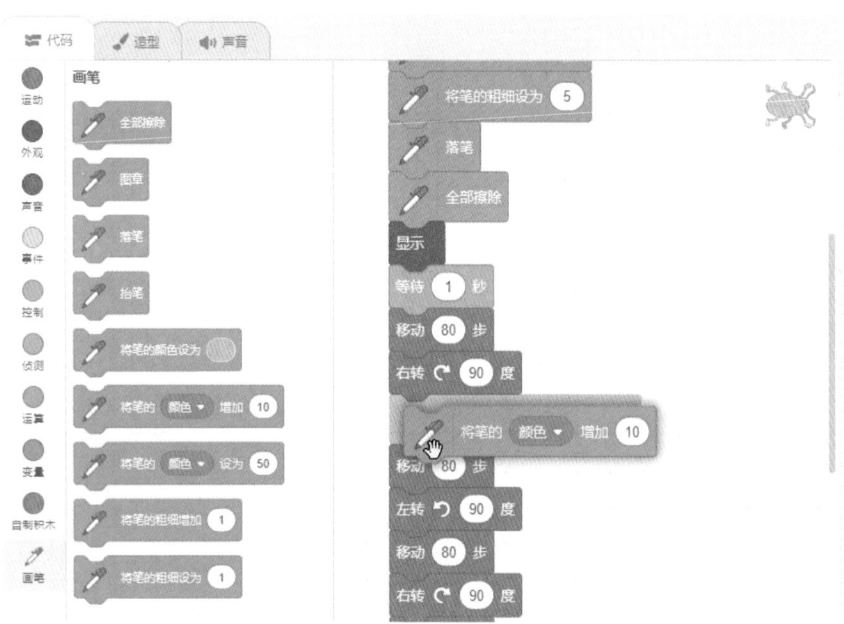

图 3-14　调整画笔颜色

Step 05 参照上一步，为后面的边调整颜色，完成后的脚本效果如图 3-15 所示。

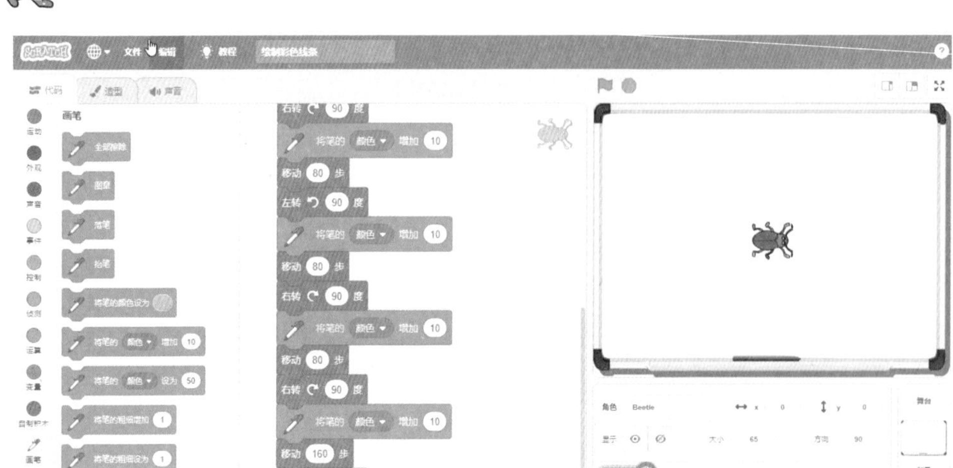

图 3-15 调整其他边的颜色

Step 06 拖动“外观”模块中的“隐藏”积木到脚本区中上一积木的下方，隐藏Beetle角色。

Step 07 单击“运行”按钮，运行程序并观察动画效果，根据测试结果进一步调试、完善作品。

Step 08 在菜单栏中单击“文件”按钮，在打开的菜单列表中单击“保存到电脑”命令，保存文件。

3.1.3 知识点拨

使用画笔类积木可以对画笔的属性进行设置，包括颜色、粗细、状态等。选择合适的画笔积木，与“移动”“旋转”等动作类积木组合，便能绘制出漂亮的图形。不同画笔积木的功能如表 3-2 所示。

表 3-2 “画笔”积木的功能

积木	功能
落笔	开始使用画笔功能
抬笔	停止使用画笔功能
全部擦除	清除舞台上的所有笔迹

（续表）

积木	功能
将笔的粗细设为 1	设置画笔的粗细为指定的数值。数值越大，笔尖越粗
将笔的颜色设为	单击色块后移动鼠标，便可在舞台上选定任意颜色作为画笔的颜色
将笔的 颜色 ▾ 设为 50	设置画笔的颜色为指定的数值
将笔的 颜色 ▾ 增加 10	为当前画笔的颜色值增加指定值
将笔的粗细增加 1	为当前画笔的粗细值增加指定值

Scratch 中的“事件”积木用于控制角色按要求执行不同的脚本代码。当满足某个条件时，便可以执行后面的脚本代码。一般情况下，画图的初始化脚本要写在事件模块的后面，具体参见图 3-16 所示的两个脚本案例。

在图 3-16 中，左图表示当满足“运行”按钮被单击这一条件时，角色执行后面的画图初始化指令；右图表示当满足按了上下箭头键这一条件时，角色依次执行后面的指令。

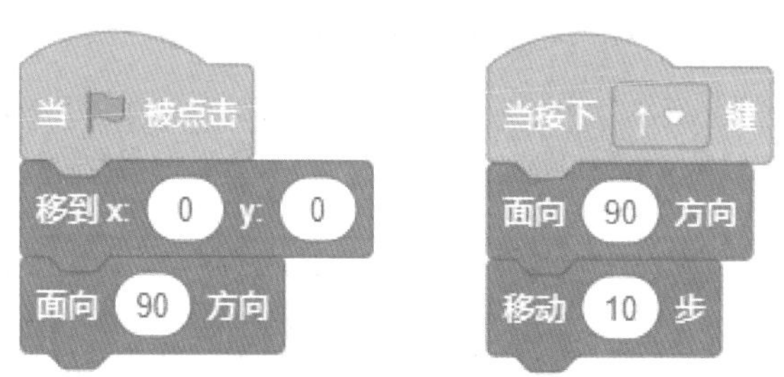

图 3-16　事件类积木案例

3.2　绘制有规律的图形

有些图形是由多个相同的图形经过旋转、移动后构成的。针对这一类有规律的图形，绘图时可首先找出图形的规律，然后巧用“重复执行”积木来完成绘制。

本节我们将使用“重复执行”积木来完成几个常见的规律图形的绘制，如米字图、正五边形、五瓣花形等，效果如图 3-17 所示。

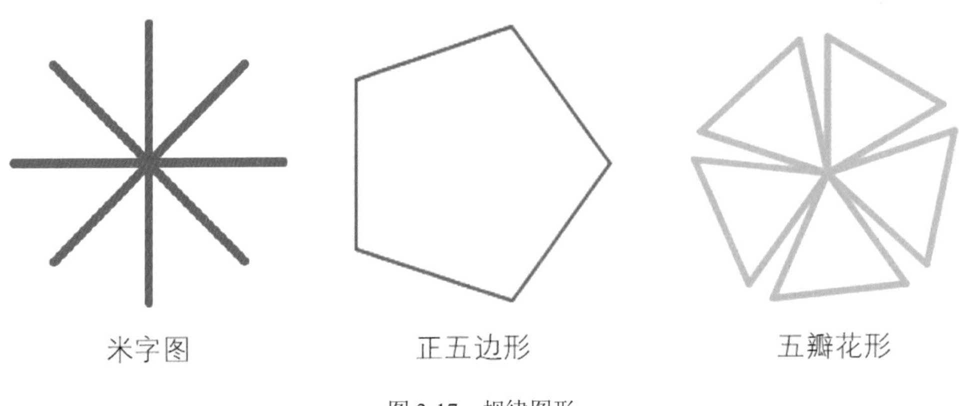

图 3-17　规律图形

3.2.1　设计分析

与之前类似，在绘制图 3-17 所示的规律图形时，可以先进行舞台的设置和画笔的初始化(包括初始化画笔的颜色、粗细等)，再执行“重复执行”积木，完成相应图形的绘制。这个案例的舞台背景和角色如表 3-3 所示。

表 3-3　舞台背景和角色

舞台背景	角色
空白背景	

绘制有规律图形的关键点是在其中发现基本图形，并判断基本图形的起笔位置和方向，由此选出最合适的画法。如果起笔位置选择合适，画法就会比较简捷。图 3-17 所示规律图形的画法分析参见图 3-18。

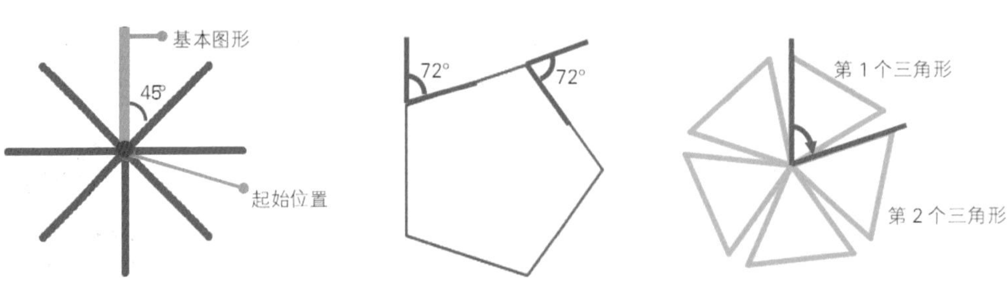

图 3-18　规律图形的画法分析

- 米字图是由 8 条长度和粗细都相同的线段构成的，将起笔位置设定在“米”字的中心最为合适。
- 正五边形是由 5 条边长相同的线段首尾顺次连接在一起构成的，特点是每个角都相等且每条边也都相等。
- 五瓣花形由 5 个三角形旋转而成。五瓣花形的绘制思路是：首先绘制一个三角形，旋转 72°；然后继续绘制一个三角形并旋转 72°；这样一共连续进行 5 次，就可以画出一个五瓣花形了。

根据前面所做的初始化分析和路线规划，选择相应的积木，指挥角色行走并画线。当角色行走时，如果能够不断调整画笔的颜色、粗细等属性，画出的线条就会变幻无穷、多姿多彩。主要的脚本规划如下。

“小猫”角色：程序开始时，初始化小猫的位置和方向，同时初始化画笔的颜色、粗细、落笔等；等到小猫开始移动并转向时，使用“重复执行”积木完成绘画；需要用到“事件”“外观”“运动”“控制”和“画笔”积木。

3.2.2 程序编写

分析米字图的基本图形和图形规律，对角色的位置以及画笔的颜色、粗细进行初始化，之后就可以使用“重复执行”积木完成图形的绘制了。

Step 01 运行 Scratch 软件，新建项目并选择默认的“小猫”角色，设置其初始位置和状态，脚本如图 3-19 所示。

Step 02 继续添加脚本，设置画笔的初始状态，脚本如图 3-20 所示。

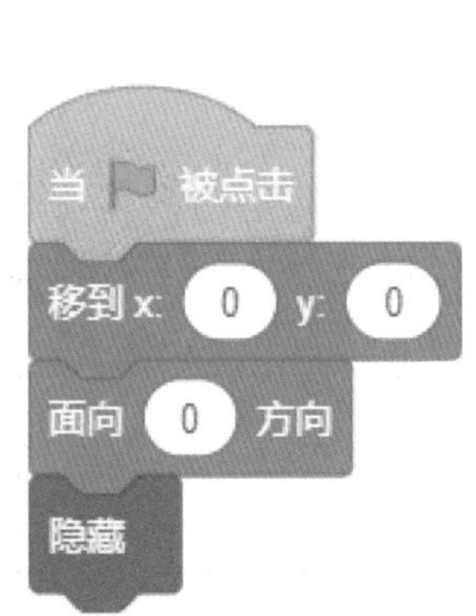

图 3-19 设置角色的初始状态

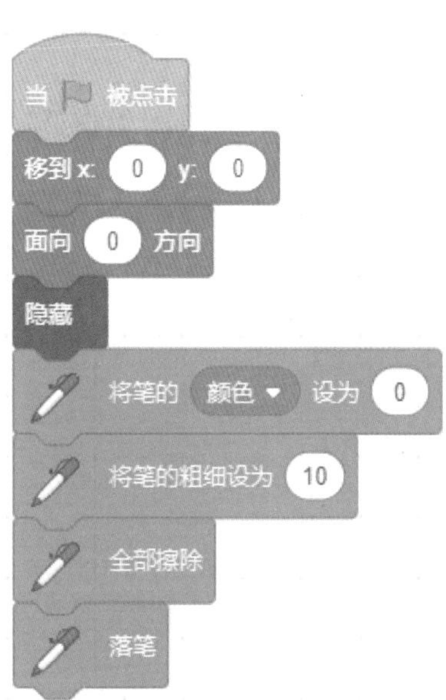

图 3-20 初始化画笔

Step 03 拖动“移动”积木到初始化脚本的下方，修改参数值为150，绘制一条长度为150的线段，如图3-21所示。

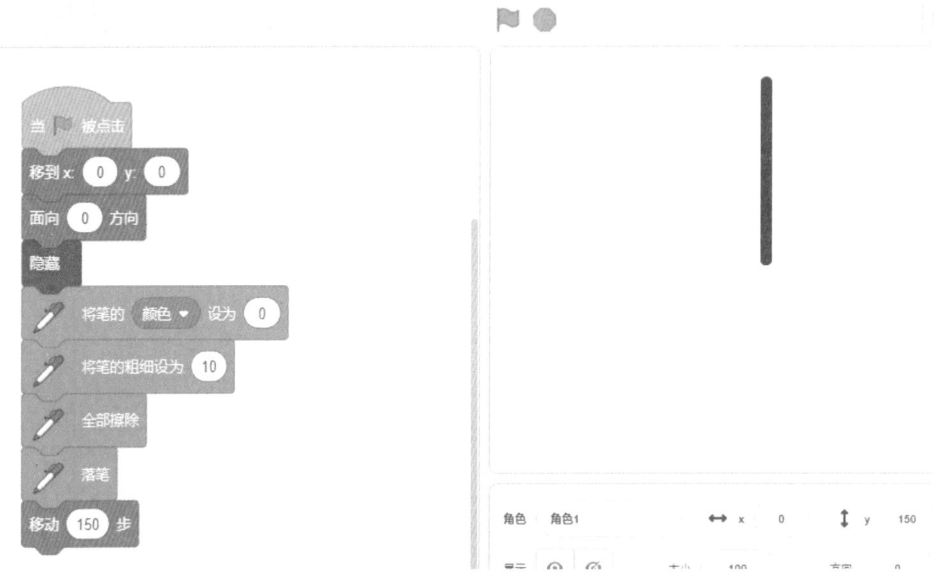

图 3-21　画一条线段

提示：

米字图的8条线段的起始位置都在中心点，只是方向不同。第一条线段画好后，画笔停在线段的上方，这时需要调整画笔的位置和方向，为画下一条线段做好准备。

Step 04 调整画笔的位置和方向，为画第2个基本图形做好准备，脚本如图3-22所示。

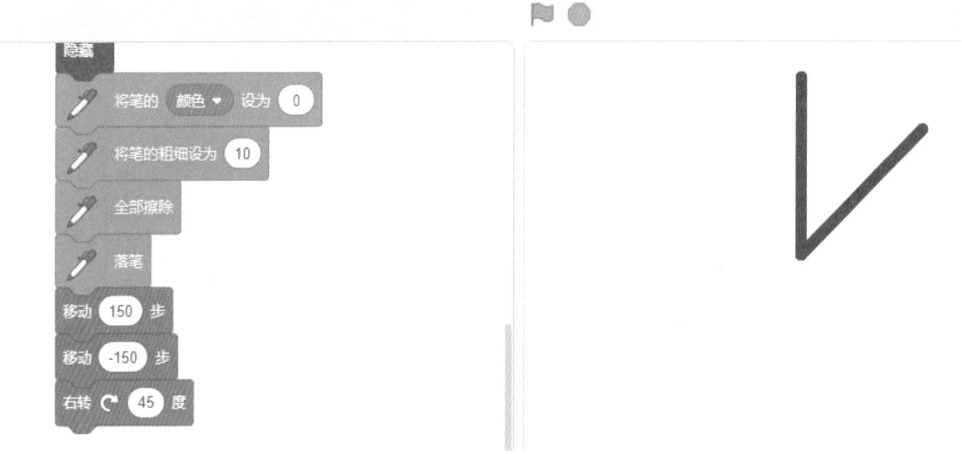

图 3-22　调整画笔的位置和方向

提示：

“移动”参数为负值时，相当于后退，表示向相反的方向移动一定的步长。这里的后退指令能让画笔退回到中心点，作为下一条线段的起笔位置。

Step 05 按照图 3-23 所示进行操作，添加“重复执行”积木。

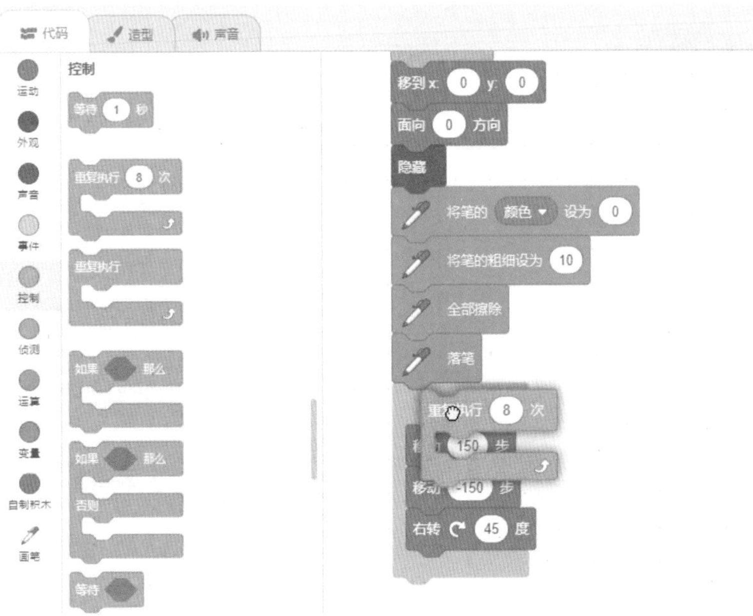

图 3-23 添加“重复执行”积木

Step 06 单击“运行”按钮，观察“重复执行”积木的添加效果，确保重复的内容正确，效果如图 3-24 所示。

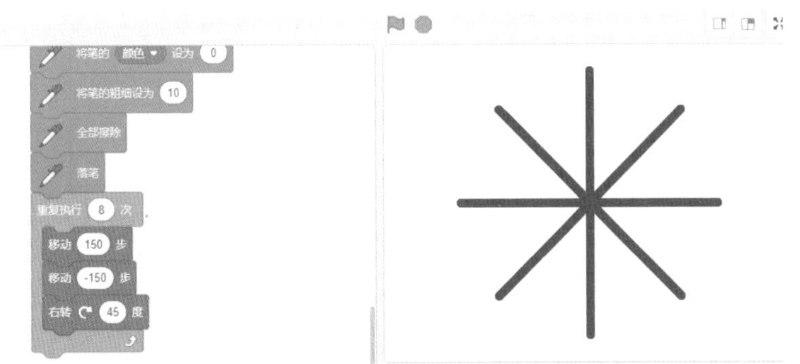

图 3-24 添加“重复执行”积木后的效果

Step 07 在菜单栏中单击“文件”按钮，在打开的菜单列表中单击“保存到电脑”命令，保存文件。

正多边形的每个角相等，每条边也相等，这类图形具有“边角相同”的特性，同样可以使用“重复执行”积木来简化画法。下面以正五边形为例，探究正多边形的画法。

Step 01 运行 Scratch 软件，新建项目并选择默认的“小猫”角色，设置其初始位置和状态，脚本如图 3-25 所示。

Step 02 按照图 3-26 所示进行操作，将画笔的颜色修改为蓝色。

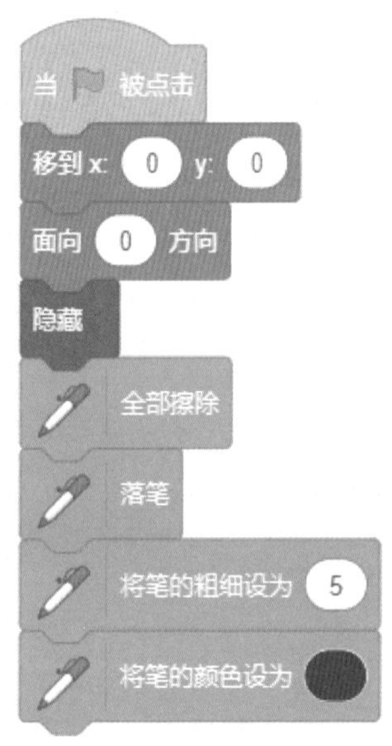

图 3-25　设置角色的初始状态

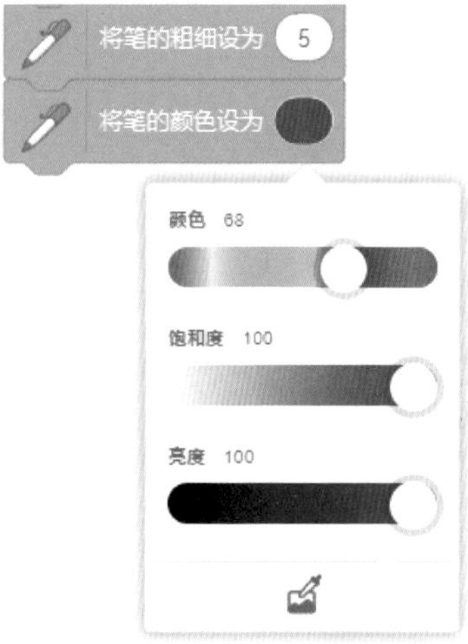

图 3-26　修改画笔的颜色

提示：

除了使用吸管拾取舞台中的颜色之外，还可以通过拖动图 3-26 所示的 3 个颜色滑块来设置我们需要的画笔颜色。

Step 03 拖动“移动”积木到初始化脚本的下方，修改参数值为 120，绘制正五边形的一条边。

Step 04 拖动“右转”积木到“移动”积木的下方，按照图 3-27 所示进行操作，设置每次旋转的角度为 72 度。

提示：

旋转的角度可以通过运算类积木由计算机自动算出结果，图 3-27 中的算式 360/5 表示 360÷5。

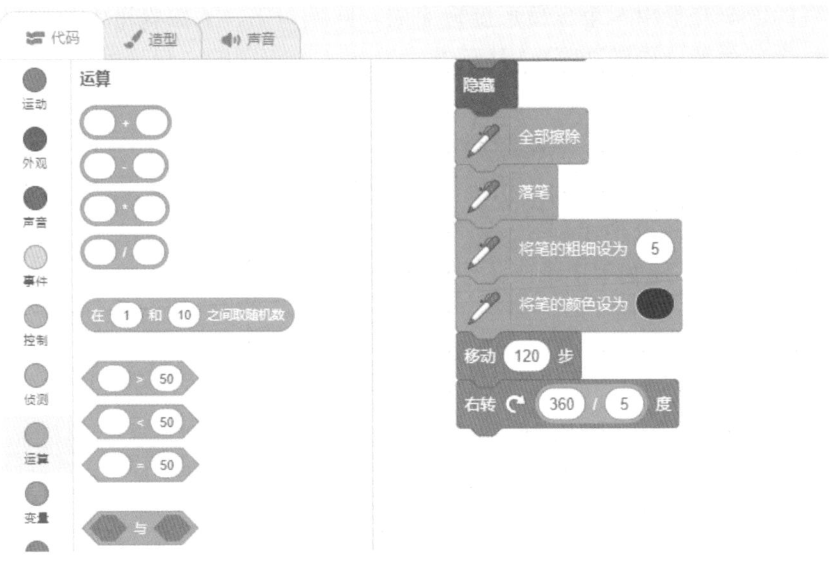

图 3-27　设置每次旋转的角度

Step 05 拖动“重复执行”积木到“移动”积木的上方，使其包含“移动”和“右转”积木，修改重复执行的次数为 5，脚本如图 3-28 所示。

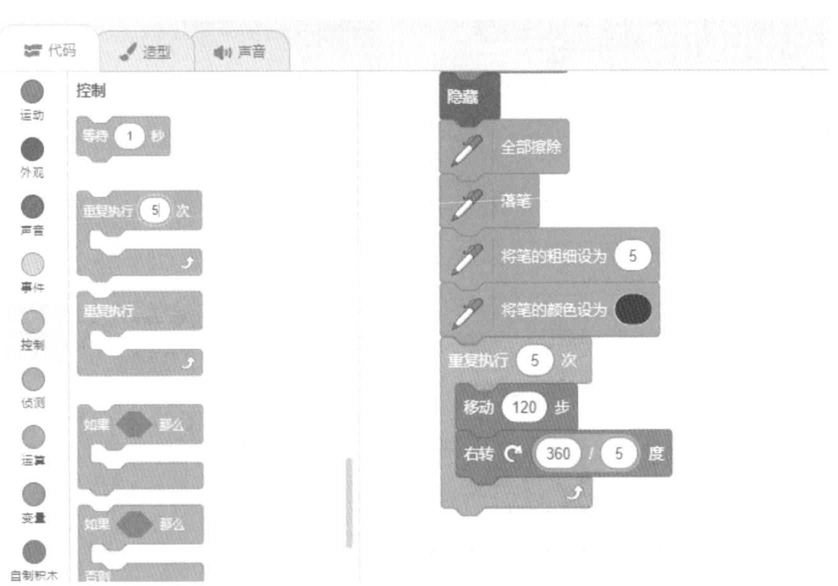

图 3-28　正五边形的绘制脚本

Step 06 单击“运行”按钮，观察“重复执行”积木的添加效果，确保重复的内容正确，根据测试结果进一步调试、完善作品。

Step 07 在菜单栏中单击“文件”按钮，在打开的菜单列表中单击“保存到电脑”命令，保存文件。

漂亮的五瓣花形由 5 个三角形旋转而成。回顾一下，五瓣花形的绘制思路是：首先画一个三角形，旋转 72 度；然后继续绘制一个相同的三角形并旋转 72 度；这样一共连续进行 5 次，就可以画出一个五瓣花形了。由于需要重复绘制相同的三角形，因此我们可以通过使用“重复执行”积木来简化程序。

Step 01 运行 Scratch 软件，新建项目并选择默认的“小猫”角色，设置其初始位置和状态，脚本如图 3-29 所示。

Step 02 编写脚本，绘制第 1 个三角形，脚本如图 3-30 所示。

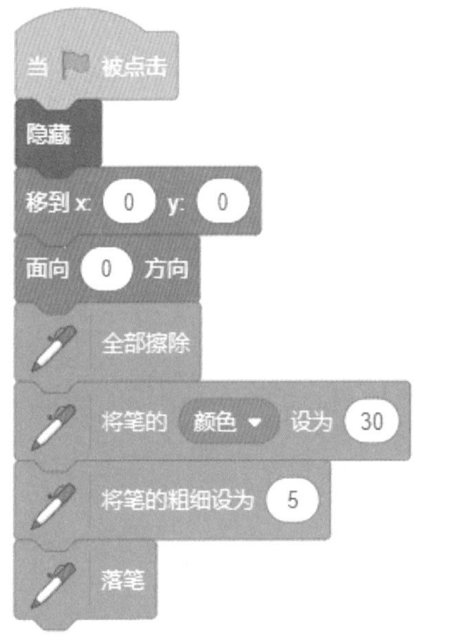

图 3-29　设置角色的初始状态

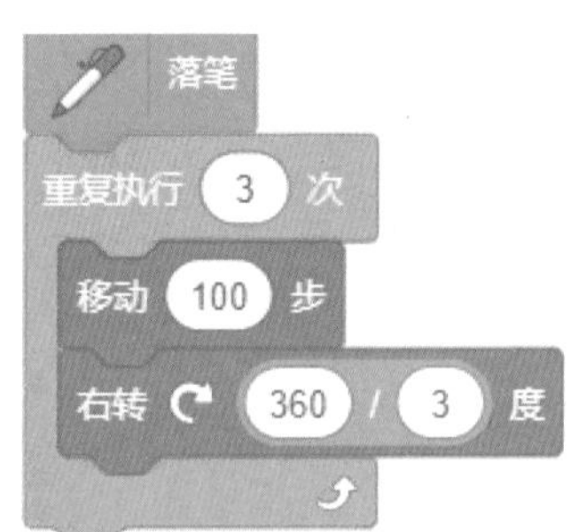

图 3-30　绘制第 1 个三角形

Step 03 添加“旋转”积木到三角形绘制脚本的下方，为绘制下一个三角形做好准备，脚本如图 3-31 所示。

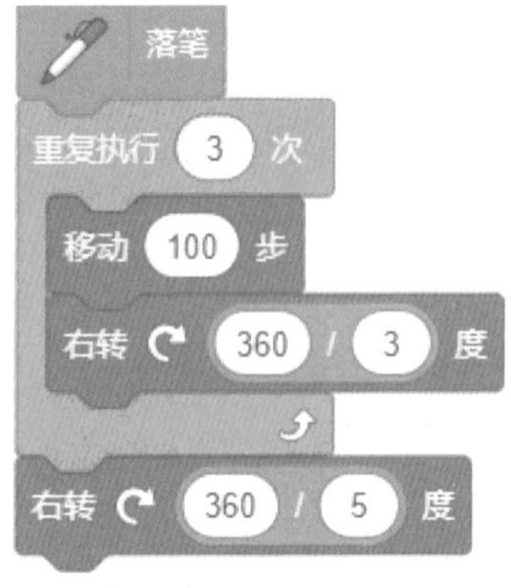

图 3-31　添加“旋转”积木

Step 04 将需要重复执行的脚本嵌入外层的“重复执行”积木中，脚本如图3-32所示。

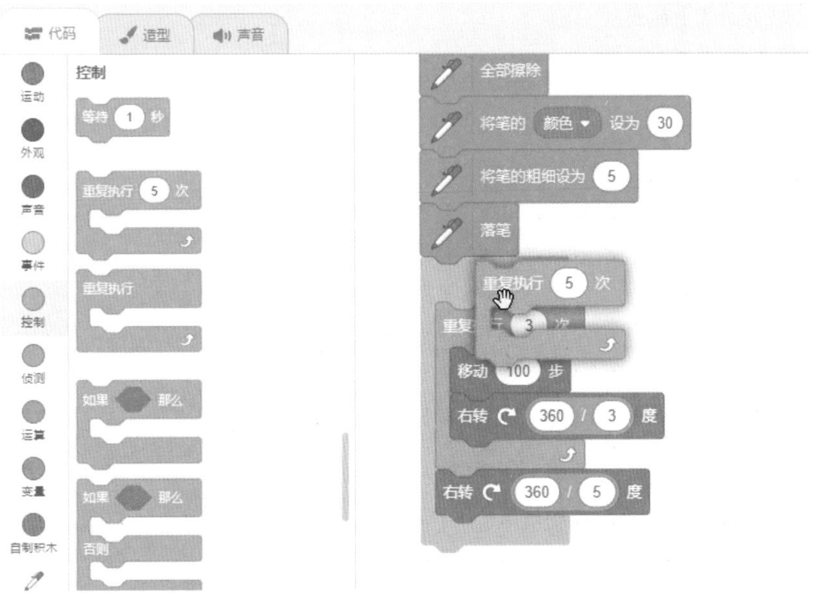

图3-32 添加“重复执行”积木

Step 05 单击“运行”按钮，观察“重复执行”积木的添加效果，确保重复内容正确，根据测试结果进一步调试、完善作品。完整的嵌套脚本效果如图3-33所示。

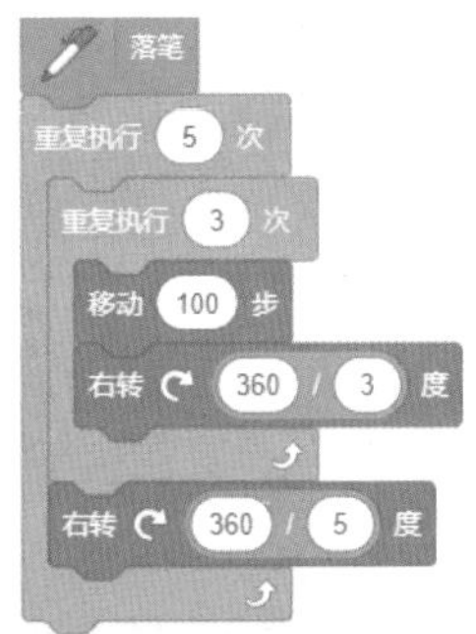

图3-33 完整的嵌套脚本效果

Step 06 在菜单栏中单击“文件”按钮，在打开的菜单列表中单击“保存到电脑”命令，保存文件。

提示：

外层的“重复执行”会执行5次；内层的“重复执行”则首先绘制一个三角形，然后顺时针旋转72°，为绘制下一个三角形做好准备。

3.2.3 知识点拨

1. 正多边形的画法

使用“重复执行”积木绘制正多边形时，每次移动的步数相同，旋转的角度也相同。因此，只要设置好“重复执行”积木的3个参数就可以画出不同的正多边形，如图3-34所示。

图3-34 正多边形的画法

2. 数字和逻辑运算

“算术运算”积木属于“数字和逻辑运算”模块，它们只是计算出相应算式的结果并返回一个数值。使用这些积木时，需要将它们拖入“移动”“旋转”等积木的数值框内。当角色执行相应的“移动”“旋转”等积木时，就会自动计算出算式的结果，如图3-35所示。

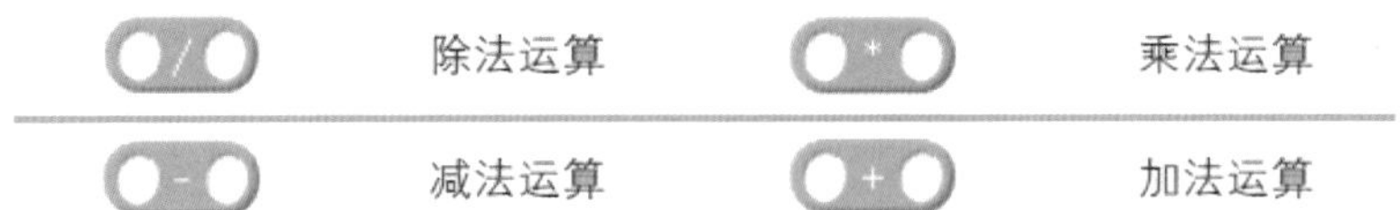

图3-35 算术运算

3.3 绘制旋转的风车

通过前面的学习，我们看到仅仅使用“移动”“旋转”“重复执行”积木，就能把简单的图案(如三角形)变成复杂的图案。但如果旋转的不再是简单的图案，而是比较复杂的图案，比如图3-36所示的“风车”(由旗帜组成)，脚本写起来就会力不从心。我们可以在绘图编辑器中创建复杂图案的基本造型，然后使用“图章”积木在舞台上不断地印盖图案，从而得到想要绘制的复杂图案。

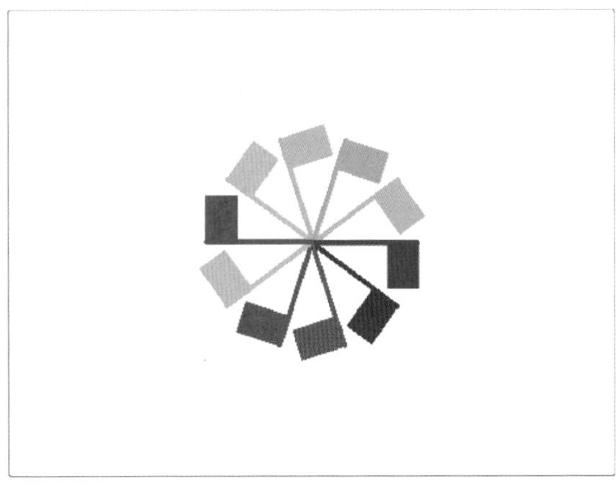

图 3-36　旋转的风车

3.3.1　设计分析

与前面画图不同的是，使用“图章”绘画时，需要先绘制“图章”图形，再通过“图章”积木对绘制好的“图章”进行印盖，从而完成相应图形的绘制。这个案例的舞台背景和角色如表 3-4 所示。

表 3-4　舞台背景和角色

舞台背景	角色
空白背景	

利用“图章”积木绘画的关键点是，必须准备好基本图形 (即“图章”)，然后判断基本图形的起笔位置和方向，最后将角色移到合适的位置，执行盖章动作 (即执行“图章”积木) 即可。

在这个案例中，我们可以首先绘制一个旗帜图案 (基本图形) 并将其作为角色造型，然后重复执行“旋转”“图章”“特效”积木，完成其他旗帜的绘制。

根据前面所做的初始化分析和路线规划，选择相应的积木，指挥角色，将简单的线条或图案制作成变幻无穷、多姿多彩的图形。主要的脚本规划如下。

“旗帜”角色：程序开始时，初始化旗帜的位置和方向，然后通过“移动”“旋转”“图章”“特效”“重复执行”积木完成绘画，需要用到“事件”“外观”“运动”“控制”和“画笔”积木。

3.3.2 程序编写

首先在绘图编辑器中绘制一个旗帜图案并将其作为图章，然后重复执行“旋转”“图章”和“特效”积木，实现五颜六色的风车效果。

Step 01 新建 Scratch 项目，删除默认的“小猫”角色。

Step 02 按照图 3-37 所示进行操作，打开绘图编辑器。

图 3-37 打开绘图编辑器

Step 03 按照图 3-38 所示进行操作，绘制红色旗杆。

图 3-38 绘制红色旗杆

Step 04 按照图 3-39 所示进行操作，绘制红色旗面。

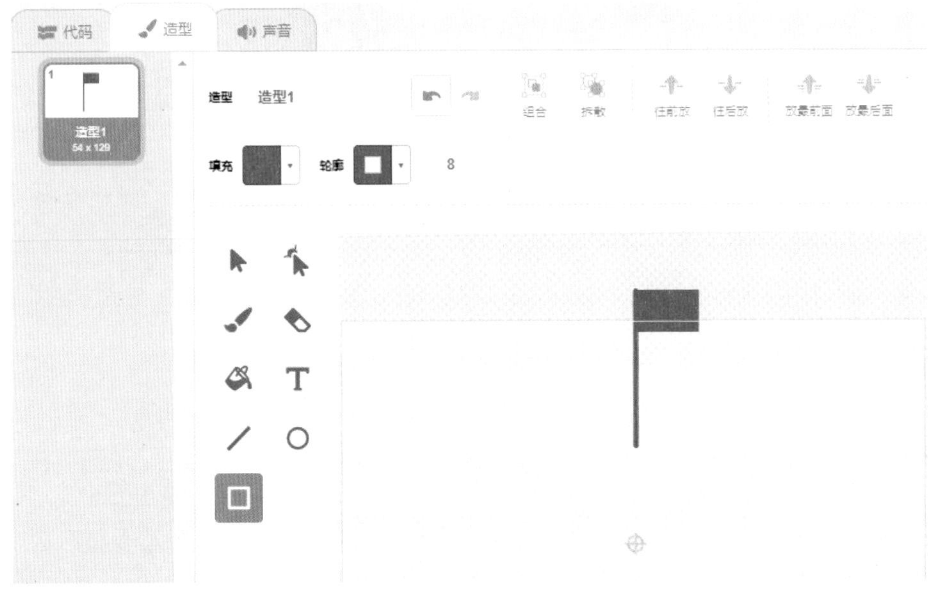

图 3-39　绘制红色旗面

Step 05 按照图 3-40 所示进行操作，使用“选择”工具同时选中旗杆和旗面。

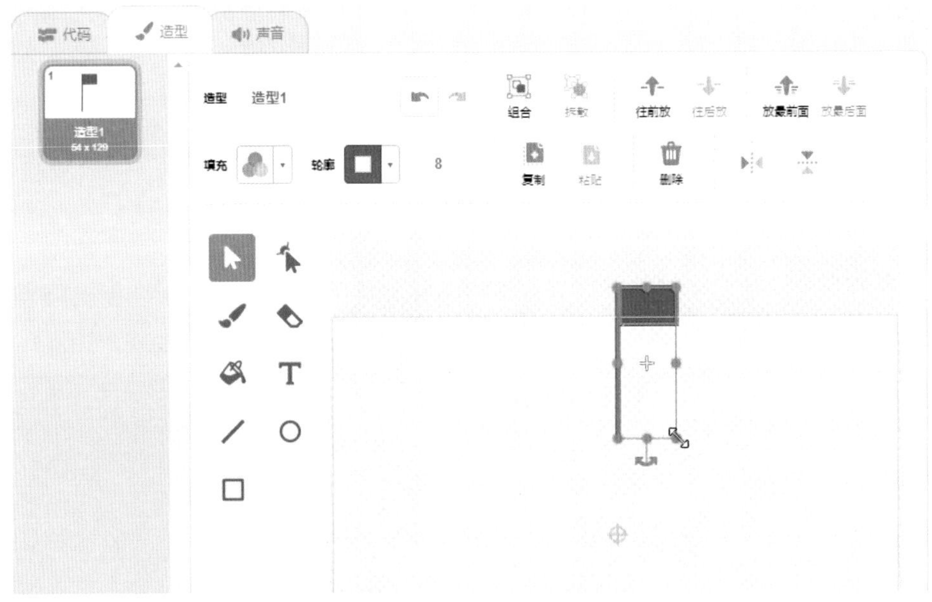

图 3-40　同时选中旗杆和旗面

Step 06 参照图 3-41，移动旗杆和旗面，使其底端与画布中心重合，将整个造型的中心点设置为旗杆的底端，并修改角色名为“红旗”。

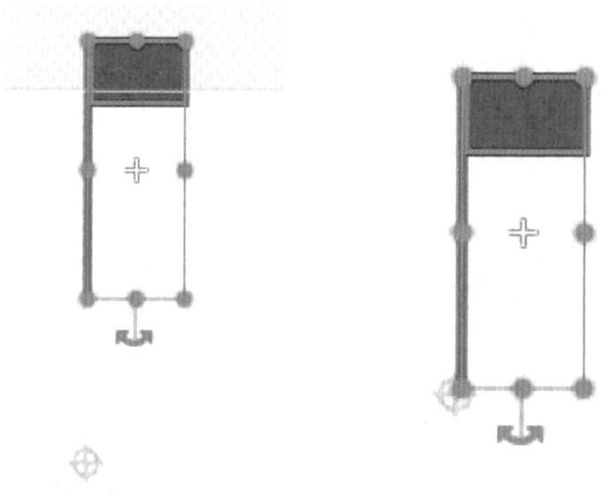

图 3-41　移动红旗并设置整个造型的中心点

提示：

将整个造型的中心点设置为旗杆的底端（与画布中心重合），这样红旗才能围绕这个点进行旋转。试一试，调整中心点的位置，看看绘制的图形是否相同。

Step 07 切换到“代码”区，设置画笔的初始状态，脚本如图 3-42 所示。

Step 08 选择“画笔”模块，拖动“图章”积木到“全部擦除”积木的下方。

Step 09 添加“重复执行”积木，绘制出 10 面旗帜，形成风车，脚本如图 3-43 所示。

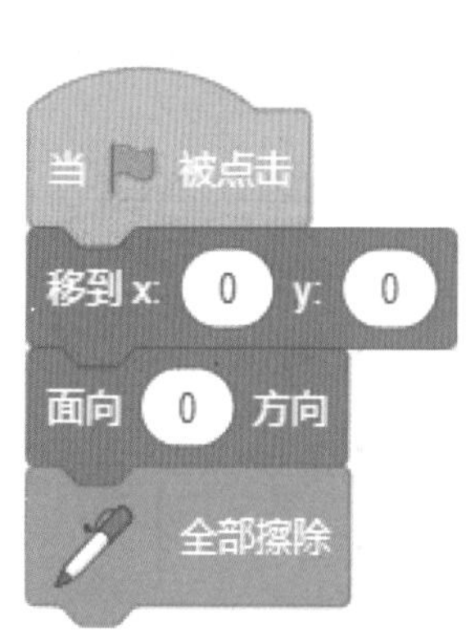

图 3-42　设置角色的初始状态

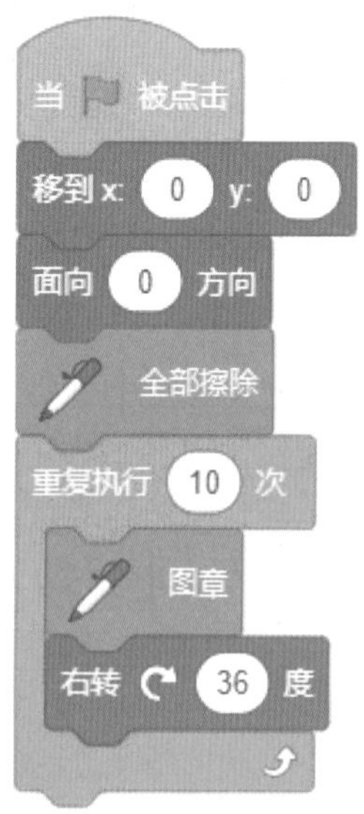

图 3-43　绘制出 10 面旗帜

提示：

这个案例中的图形是通过“图章”积木绘制的，不需要设置画笔的颜色和粗细。

使用“将……特效增加”积木可以添加图形特效，包括颜色、超广角镜头、旋转特效等。读者可以尝试各种不同的特效，画出更酷、更炫的图形。

Step 10 按照图 3-44 所示进行操作，调整每面旗帜的颜色特效。

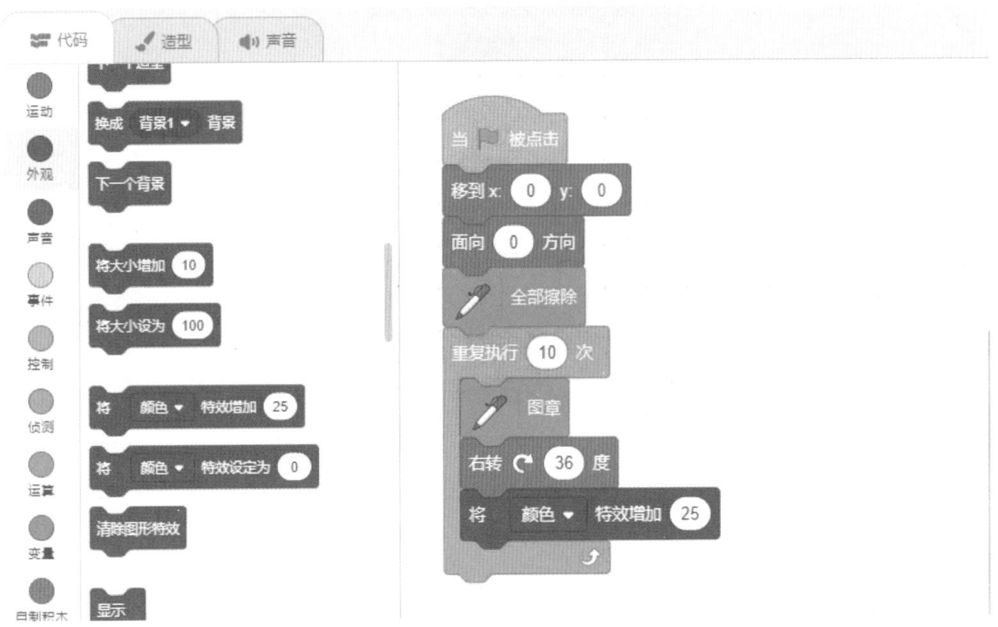

图 3-44 调整颜色特效

Step 11 单击“运行”按钮，观察“重复执行”积木的添加效果，确保重复的内容正确，根据测试结果进一步调试、完善作品。

Step 12 在菜单栏中单击“文件”按钮，在打开的菜单列表中单击“保存到电脑”命令，保存文件。

3.3.3 知识点拨

1. 图章

使用“图章”积木可以把角色的造型印盖在舞台上，就像生活中的盖章一样，从而画出各种奇妙的图案。当清除所有画笔时，也会清除图章。

2. 图形特效

Scratch 中的“将……特效增加”积木能为背景和造型等对象添加各种特效，支持的特效包括“颜色”“鱼眼”“漩涡”“像素化”“马赛克”“亮度”“虚像”等，这些特效可以通过“将……特效增加”积木的下拉菜单来选择，如图 3-45 所示。如果想要将图像还原到最初的状态，那么需要使用“清除图形特效”积木。

图 3-45　Scratch 支持的各种图形特效

第 4 章 控制舞台和角色

本章以情景故事为主要内容，带领大家对角色之间的逻辑关系进行研究，为后面创作更复杂的 Scratch 作品做好铺垫。本章将选择两个耳熟能详的案例来帮助大家熟悉舞台背景、角色造型的概念，使读者初步掌握运用 Scratch 软件的积木指令综合控制舞台背景和角色，以及自主编排创意情景故事的方法。

4.1 守株待兔

从前有个农夫，有一天他在地里干活的时候，突然看到一只兔子撞到田边的树桩上死了，他什么都不用做，白捡了一只兔子。从此，他就不再种田干农活了，天天坐到树桩上等兔子，结果就饿死了。这就是大家熟悉的守株待兔的故事，下面我们使用 Scratch 将这个故事制作成动画，如图 4-1 所示。

图 4-1　守株待兔

4.1.1 设计分析

在“守株待兔”故事案例中，涉及脚本的对象有“舞台”“讲故事的小猫”和“飞天小猫”。当故事开始时，舞台背景将切换到“封面”，“讲故事的小猫”隐藏，“飞天小猫”出现；而当通过空格键切换到故事场景时，“飞天小猫”隐藏，“讲故事的小猫”则根据故事情节的发展，分别讲述故事内容。这个案例的舞台背景和角色如表 4-1 所示。

表 4-1　舞台背景和角色

舞台背景	角色

为了实现“守株待兔”故事效果，需要对场景和每个角色进行细致的规划。主要的脚本规划如下。

- 5 张背景图：程序开始时，出现封面，按下空格键，切换到下一张背景图，需要用到“事件”和“外观”积木。
- “飞天小猫”角色：程序开始时，显示在舞台上，进入故事界面时则隐藏起来，需要用到“事件”“外观”和“运动”积木。
- “讲故事的小猫”角色：程序开始时隐藏，故事开始时显示，根据不同的故事背景，可移到合适的位置并讲述故事，需要用到“事件”“外观”和“运动”积木。

4.1.2 程序编写

在开始编写程序之前，我们首先需要准备好背景和相应的角色。该案例需要 5 张图片作为背景，角色则是两只小猫。其中，故事的背景需要从外部导入，故事的角色则可直接从“角色库”中插入。

Step 01 打开 Scratch 软件，单击背景区的按钮，在弹出的列表中单击“上传背景”按钮，在“打开”对话框中选择一张图片作为故事的封面背景，如图 4-2 所示。

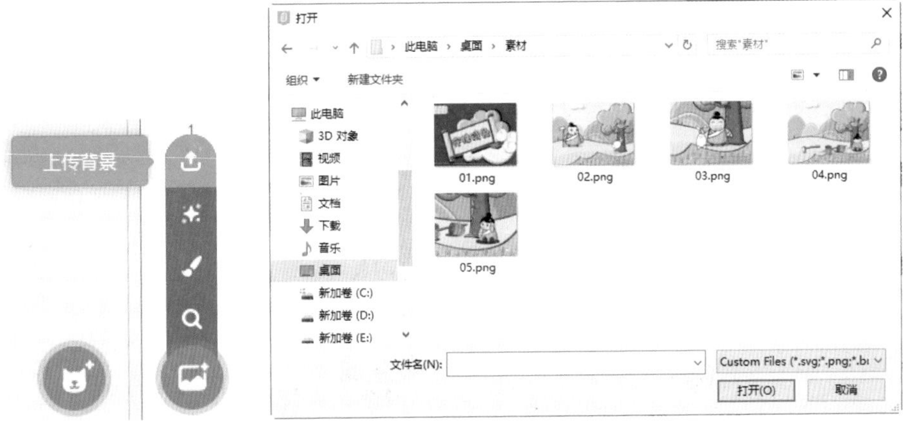

图 4-2 添加封面背景

提示：

Scratch 默认为文件创建的是空白背景，插入新的背景后，“背景”列表中将出现多张背景图片，我们可以删除不需要的背景图片。

Step 02 选择舞台，按照图 4-3 所示进行操作，将背景图片命名为“封面”。

图 4-3　重命名背景图片

Step 03 使用同样的方法导入 4 张故事情景图片，并分别命名为“第 1 段”“第 2 段”“第 3 段”和“第 4 段”。

Step 04 按照图 4-4 所示进行操作，从角色库中导入 Cat Flying 角色。

图 4-4　导入 Cat Flying 角色

Step 05 在角色区按照图 4-5 所示进行操作，将 Cat Flying 角色重命名为“飞天小猫”，使用相同的方法导入并将 Cat 角色重命名为“讲故事的小猫”。

图 4-5　重命名角色

提示：

在角色区，不仅可以对角色进行重命名，而且可以根据需要调整角色的位置、大小和方向。

Step 06 在菜单栏中单击"文件"按钮，在打开的菜单列表中单击"保存到电脑"命令，保存文件。

在本案例中，我们需要分别为舞台和两个角色编写脚本。下面首先实现切换舞台背景的效果，然后让两个角色根据不同的背景分别做出相应的动作。

舞台对象的脚本需要实现两个功能：当故事开始时，将背景图片切换到"封面"；每当按下空格键时，就切换到下一张背景图片。

Step 01 单击"舞台"，拖动"事件"模块下的"当 被点击"积木到脚本区，按照图 4-6 所示进行操作，添加"换成封面背景并等待"积木。

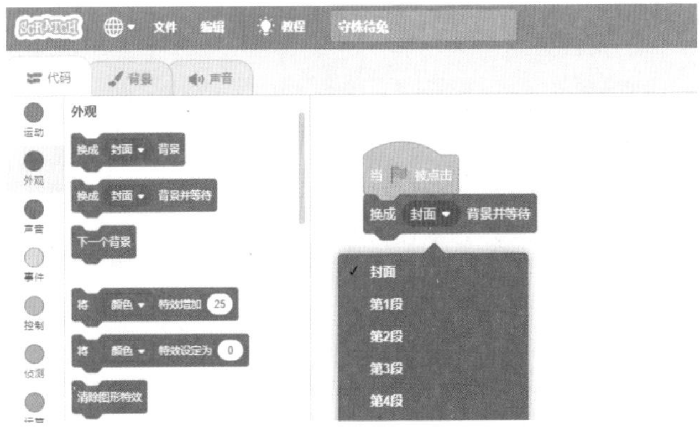

图 4-6　开始制作故事

Step 02 编写如图 4-7 所示的脚本，实现每当按下空格键时，就切换到下一张背景图片的效果。

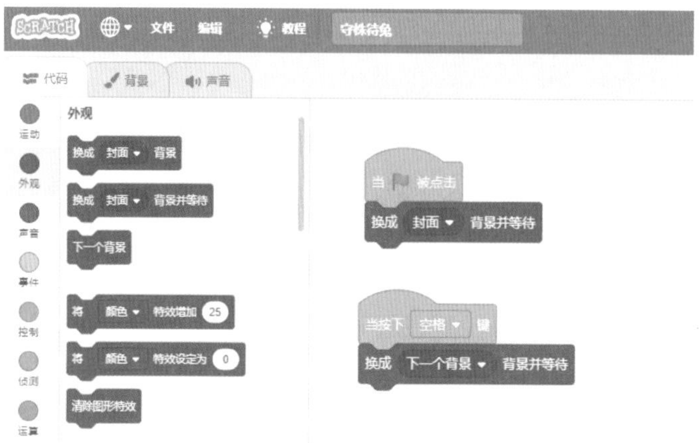

图 4-7 切换故事背景

Step 03 在菜单栏中单击“文件”按钮，在打开的菜单列表中单击“保存到电脑”命令，保存文件。

这个故事中有两个角色，“飞天小猫”角色的脚本主要用于控制该角色的显示和隐藏，“讲故事的小猫”角色的脚本主要用于实现根据背景讲故事的效果。

Step 01 单击“飞天小猫”，添加如图 4-8 所示的积木并修改参数，实现“飞天小猫”角色的初始效果。

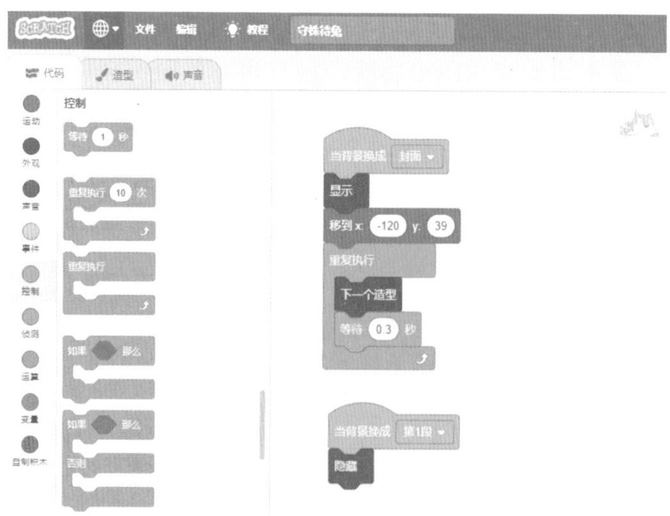

图 4-8 为“飞天小猫”角色编写脚本

Step 02 单击“讲故事的小猫”，添加如图 4-9 所示的积木并修改参数，当背景切换到“封面”时，隐藏“讲故事的小猫”角色。

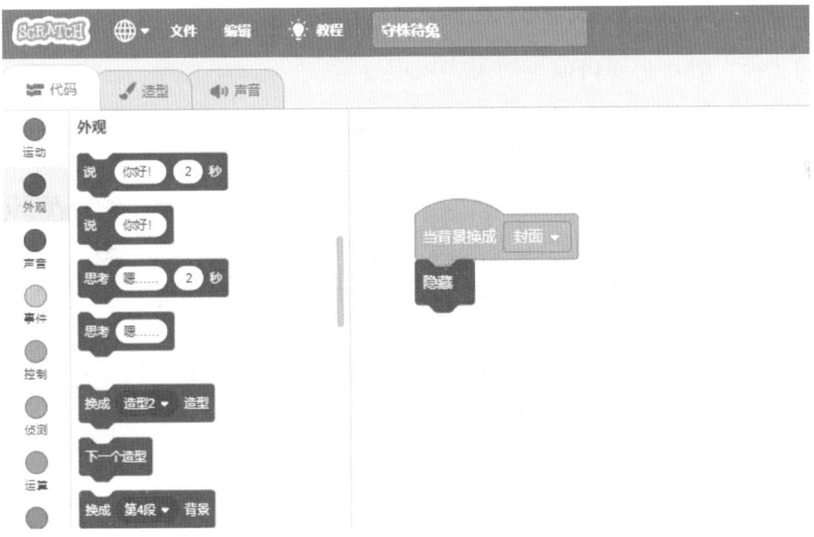

图 4-9 隐藏“讲故事的小猫”角色

Step 03 单击“讲故事的小猫”，添加如图 4-10 所示的积木并修改参数，当背景切换到“第 1 段”时，小猫讲故事的第 1 段内容。

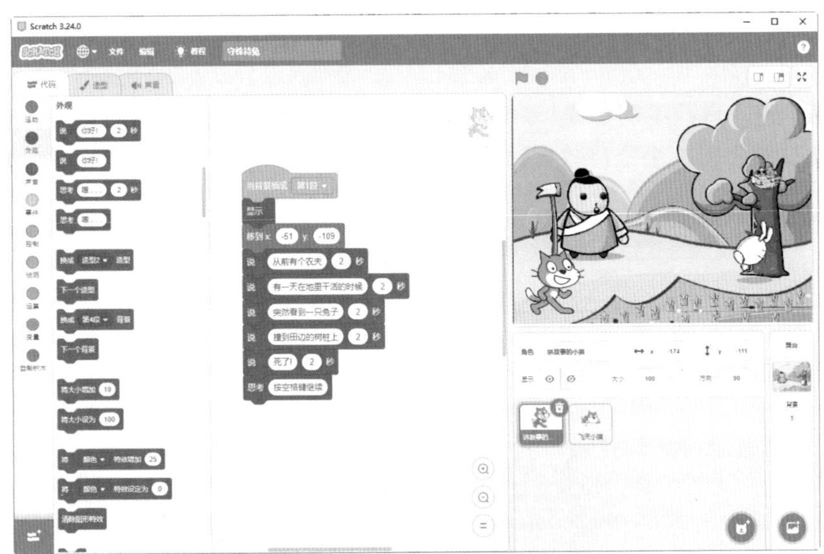

图 4-10 为故事的第 1 段编写脚本

提示：

在呈现故事的内容时，既可以采用逐句出现的方式，也可以采用一次性整体出现的方式，请根据内容控制等待的时间。

Step 04 单击“讲故事的小猫”，添加如图 4-11 所示的积木并修改参数，当背景切换到“第 2 段”时，小猫讲故事的第 2 段内容。

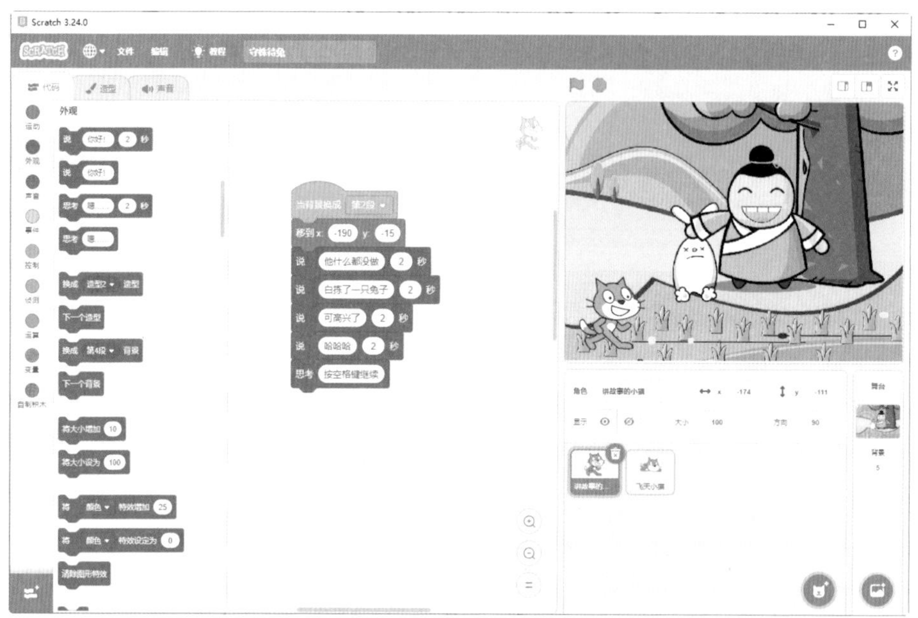

图 4-11　为故事的第 2 段编写脚本

Step 05 单击“讲故事的小猫”，添加如图 4-12 所示的积木并修改参数，当背景切换到“第 3 段”时，小猫讲故事的第 3 段内容。

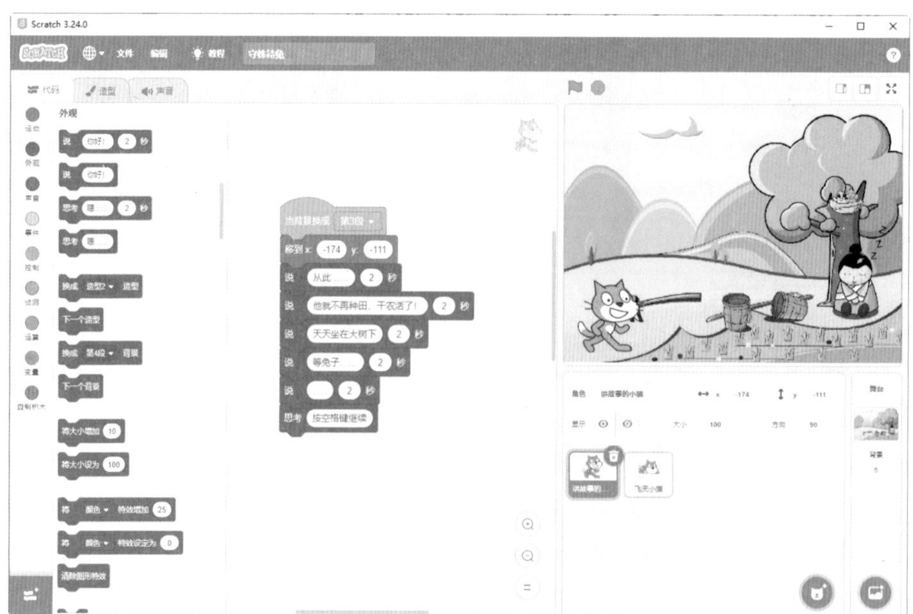

图 4-12　为故事的第 3 段编写脚本

Step 06 单击“讲故事的小猫”，添加如图 4-13 所示的积木并修改参数，当背景切换到“第 4 段”时，小猫讲故事的第 4 段内容。

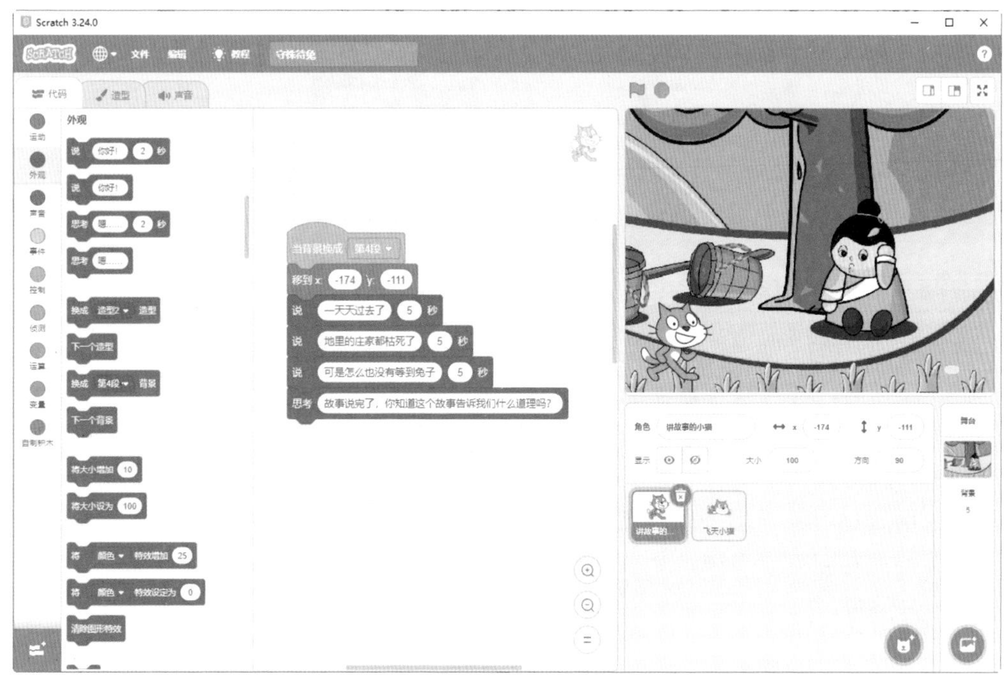

图 4-13　为故事的第 4 段编写脚本

Step 07 单击“运行”按钮，运行程序并观察动画效果，根据测试结果进一步调试、完善作品。

Step 08 在菜单栏中单击“文件”按钮，在打开的菜单列表中单击“保存到电脑”命令，保存文件。

4.1.3　知识点拨

1. “说”类积木

在 Scratch 的外观脚本中，“说”类积木又包括“说”和“思考”两种类型，其中“说”和“思考”积木标注的样式不同，其他功能都相同。图 4-14 列举了 4 个此类积木的样式及功能。

图 4-14 左图上方的语句表示显示“你好！”，停留 2 秒后自动消失；图 4-14 左图下方的语句表示显示“你好！”，直到下一次说或思考内容消失。

图 4-14 右图上方的语句表示显示“嗯……”，停留 2 秒后自动消失；图 4-14 右图下方的语句也表示显示“嗯……”，直到下一次说或思考内容消失。

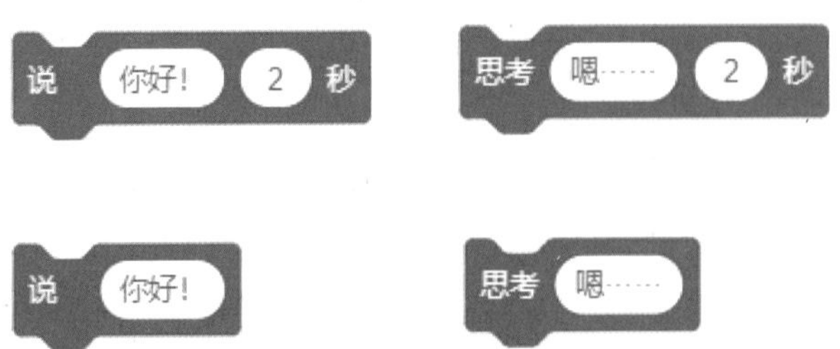

图 4-14 “说”类积木的类型及功能

2. “事件”类模块

Scratch 中的“事件”主要用于控制角色按要求开始执行不同的脚本代码。当满足某个条件时，即可执行后面的脚本代码。在本案例中，因为故事情节的需要，我们为舞台、角色分别设置了各种事件类型。下面对本案例中部分事件模块的脚本及功能进行解读。

在图 4-15 中，左图表示当满足“当⚑被点击”这一条件时，将背景切换为封面并等待；右图表示当满足“当按下空格键”这一条件时，将背景切换为“下一个背景”并等待。

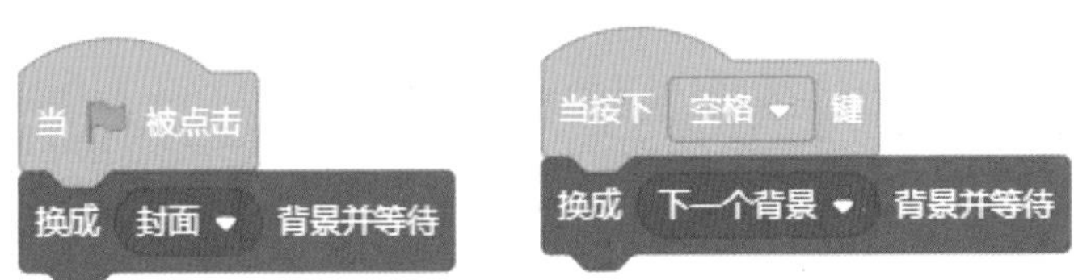

图 4-15 “事件”类模块的类型及功能 (一)

在图 4-16 中，左图表示当满足“当背景换成封面”这一条件时，显示“飞天小猫”的状态及动画效果；右图表示当满足“当背景换成第 1 段”这一条件时，显示“讲故事的小猫”的状态及动画效果。

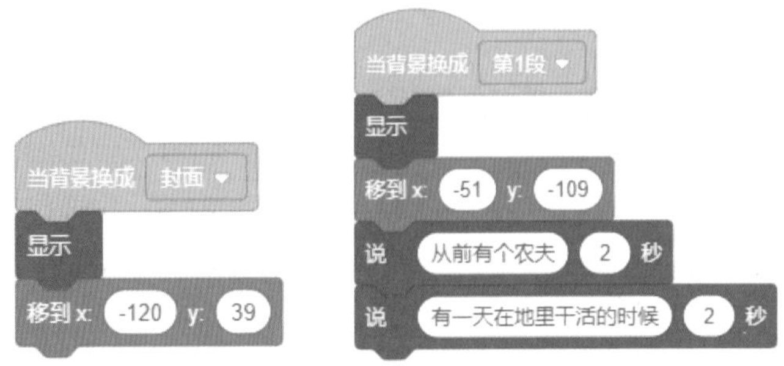

图 4-16 “事件”类模块的类型及功能 (二)

4.2 小蝌蚪找妈妈

池塘里有一群小蝌蚪，大大的脑袋，黑灰色的身子，甩着长长的尾巴，快活地游来游去。可是，它们却找不到自己的妈妈。本节我们使用 Scratch 来制作小蝌蚪找妈妈的故事，体验小蝌蚪寻亲之旅，如图 4-17 所示。

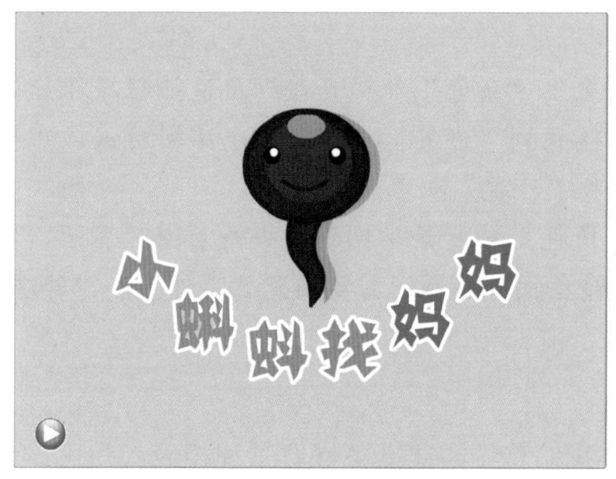

图 4-17　小蝌蚪找妈妈

4.2.1 设计分析

根据小蝌蚪找妈妈的故事内容，这个故事可以规划为片头、片尾和故事情景三部分。其中，故事情景部分又分为引言以及分别与小鸡、金鱼、乌龟和青蛙对话 5 个画面；角色包括蝌蚪、小鸡、金鱼、乌龟、青蛙等，应在不同情景中出现相应角色的对话。这个案例的舞台背景和角色如表 4-2 所示。

表 4-2　舞台背景和角色

舞台背景	角色

为了实现“小蝌蚪找妈妈”故事效果，需要对场景和每个角色进行细致的规划。主要的脚本规划如下。

- 7 张背景图：程序开始时，出现片头情景图；单击“开始”按钮将切换为第一张情景图；接收相应的广播时，也将切换到对应的情景图；需要用到“事件”和“外观”积木。
- “蝌蚪”角色：动画开始时隐藏，需要不停地游动；当背景切换到其他情景图时，与角色对话并发布广播；需要用到“事件”“外观”“控制”和“运动”积木。
- “小鸡”“金鱼”“乌龟”和“青蛙”角色：程序开始时隐藏，接收到广播消息时显示，接收到“应答”消息时与小蝌蚪对话，广播消息并隐藏；需要用到“事件”和“外观”积木。
- “开始按钮”角色：当背景切换到片头情景图时显示，单击角色，可将背景切换到对应的情景图并隐藏；需要用到“事件”和“外观”积木。

4.2.2 程序编写

为了编写程序，我们首先需要准备好背景和相应的角色。该案例需要 7 张图片作为背景，这些图片都需要从外部导入；角色是蝌蚪、小鸡、金鱼、乌龟和青蛙。

Step 01 运行 Scratch 软件，删除默认的“小猫”角色，按照图 4-18 所示进行操作，依次在“素材”文件夹中导入舞台所需的 7 张背景图片。

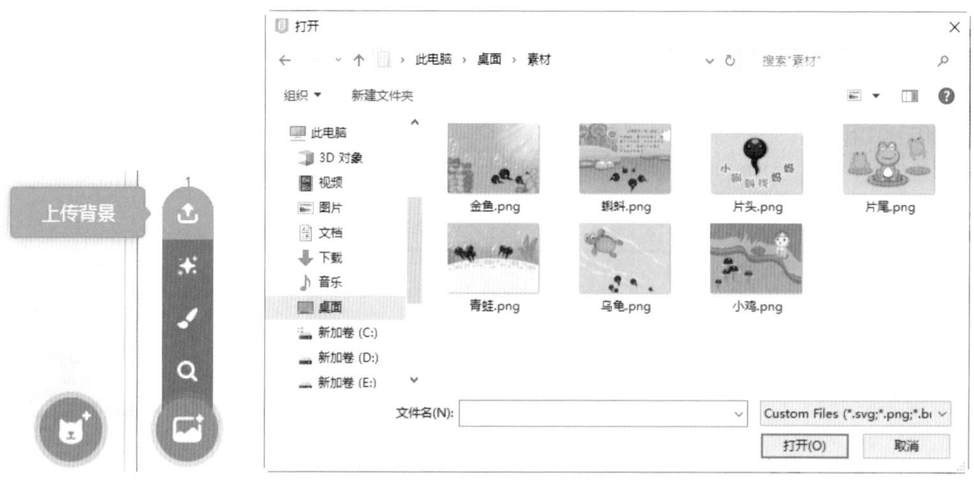

图 4-18　添加舞台背景

Step 02 单击舞台，删除“背景 1”，按照图 4-19 所示的顺序对背景图片进行排序。

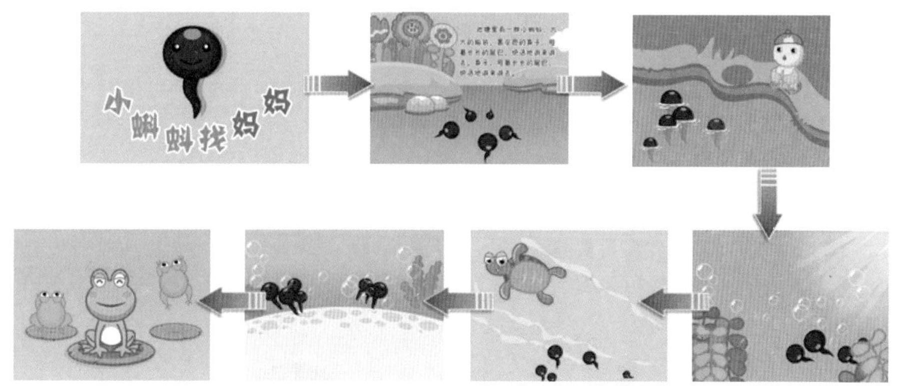

图 4-19 排序背景图片

Step 03 单击“背景”功能选项，按照图 4-20 所示进行操作，为“片头”背景图片填充背景色。

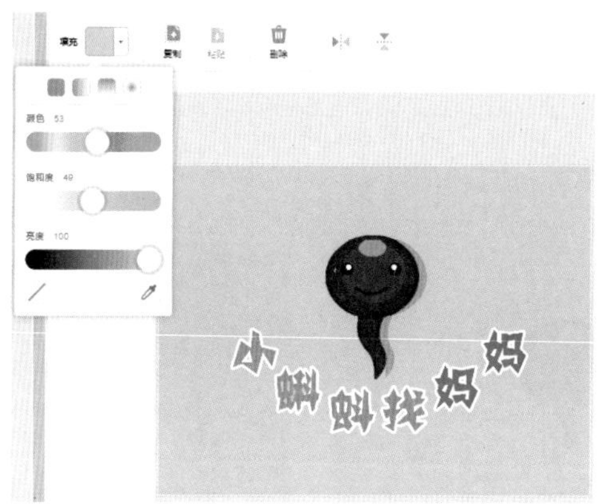

图 4-20 为“片头”背景图片填充背景色

Step 04 在“新建角色”栏中单击“上传角色”图标，添加故事的角色，效果如图 4-21 所示。

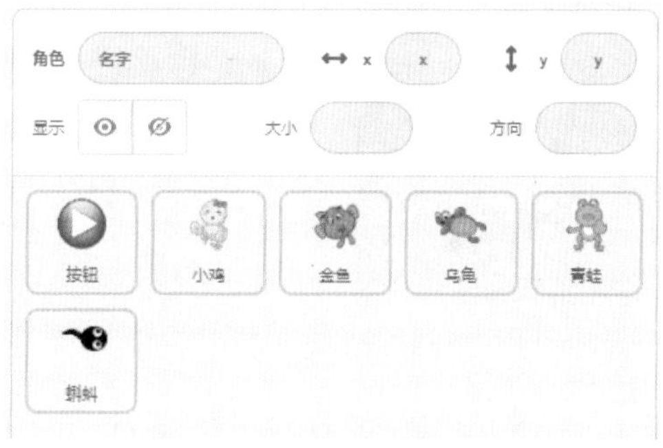

图 4-21 添加故事的角色

Step 05 单击“蝌蚪”角色，选择“造型”功能选项，单击“上传造型”图标，为“蝌蚪”角色添加两个造型，如图 4-22 所示。

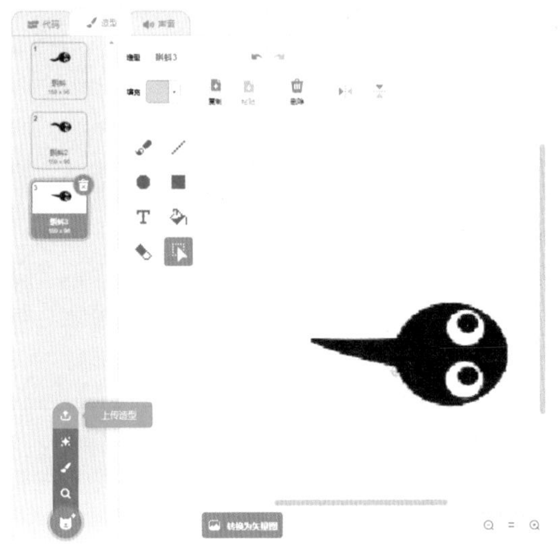

图 4-22　添加蝌蚪造型

Step 06 作品的角色需要根据故事情节出现在不同的舞台背景中，为此调整每个角色的位置和大小，部分效果如图 4-23 所示。

图 4-23　调整每个角色的位置和大小

Step 07 在菜单栏中单击“文件”按钮，在打开的菜单列表中单击“保存到电脑”命令，保存文件。

在本案例中，我们需要分别为舞台和 7 个角色编写脚本。下面首先实现切换舞台背景的效果，然后编写脚本，让 7 个角色根据不同的背景分别做出相应的动作。

舞台对象的脚本需要实现两个功能：当故事开始时，将背景图片切换到“片头”；每当接收到新的消息时，就切换到指定的背景图片。

Step 01 选择舞台并编写脚本，设置舞台的初始状态，如图 4-24 所示。

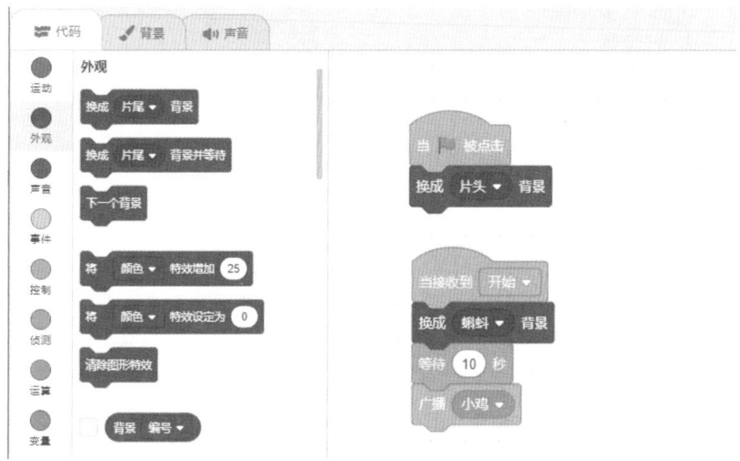

图 4-24　设置舞台的初始状态

Step 02 添加如图 4-25 所示的积木并修改参数，当接收到消息时，就切换到相应的背景图片。

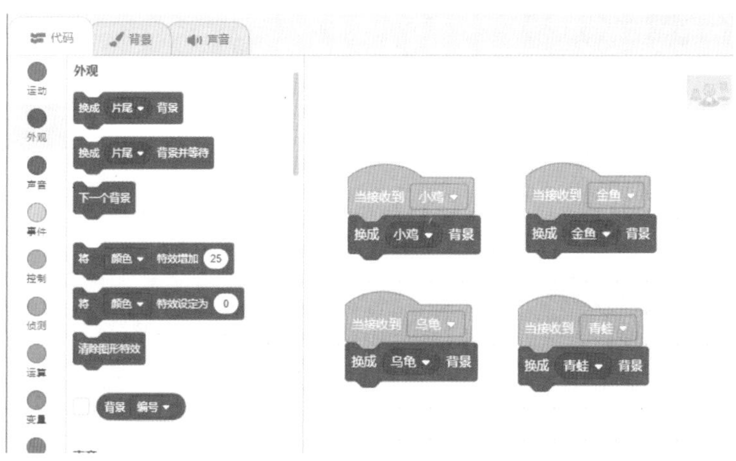

图 4-25　切换故事场景

Step 03 在菜单栏中单击“文件”按钮，在打开的菜单列表中单击“保存到电脑”命令，保存文件。

接下来为角色编写脚本，目的主要是运用“广播”和“接收消息”积木让蝌蚪与小鸡、金鱼、乌龟和青蛙对话，控制故事的编排和进程。

Step 01 单击“开始按钮”角色，添加如图4-26所示的积木并修改参数，完成“开始按钮”角色脚本的编写。

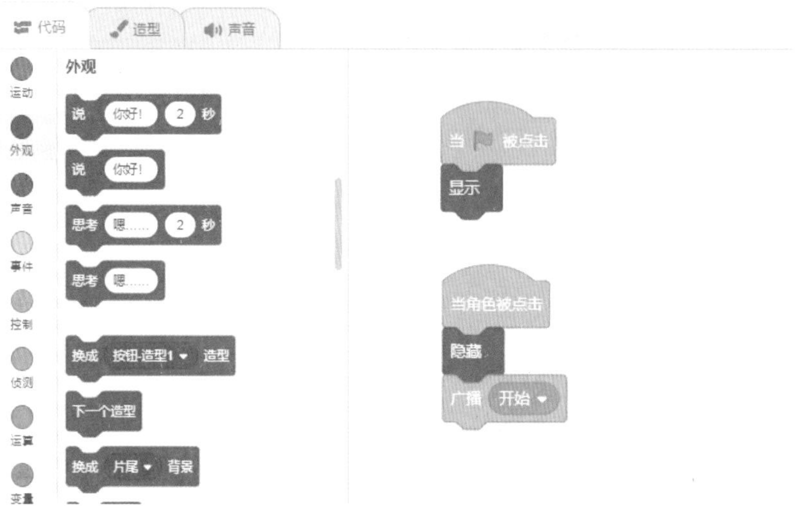

图4-26　为“开始按钮”角色编写脚本

Step 02 为“蝌蚪”角色编写脚本，设置动画开始时蝌蚪的状态，如图4-27所示。

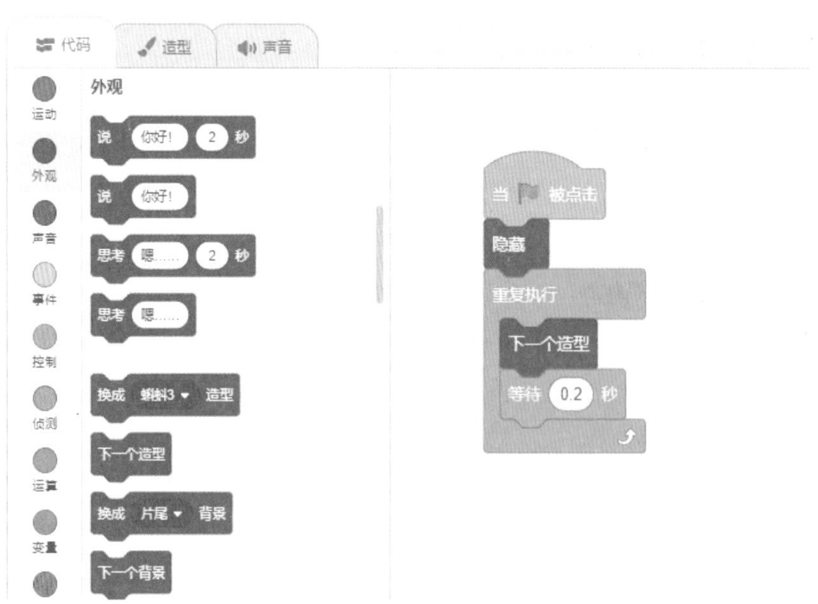

图4-27　设置动画开始时蝌蚪的状态

Step 03 选中“蝌蚪”角色，编写如图4-28所示的脚本，实现蝌蚪自由游动的效果。

Step 04 选中“蝌蚪”角色，编写脚本，设置蝌蚪向小鸡问话的效果，脚本如图4-29所示。

Step 05 使用同样的方法，设置蝌蚪向其他角色问话的效果，如图 4-30 所示。

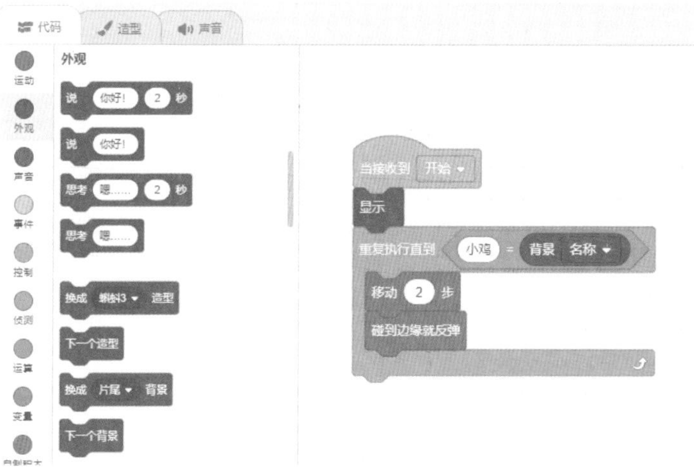

图 4-28　让蝌蚪自由游动

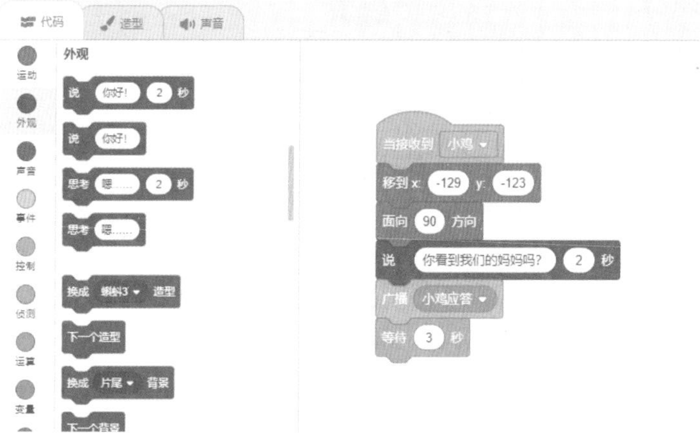

图 4-29　让蝌蚪向小鸡问话

图 4-30　让蝌蚪向其他角色问话

Step 06 单击“小鸡”角色，编写脚本，实现小鸡显示并应答的效果，脚本如图 4-31 所示。

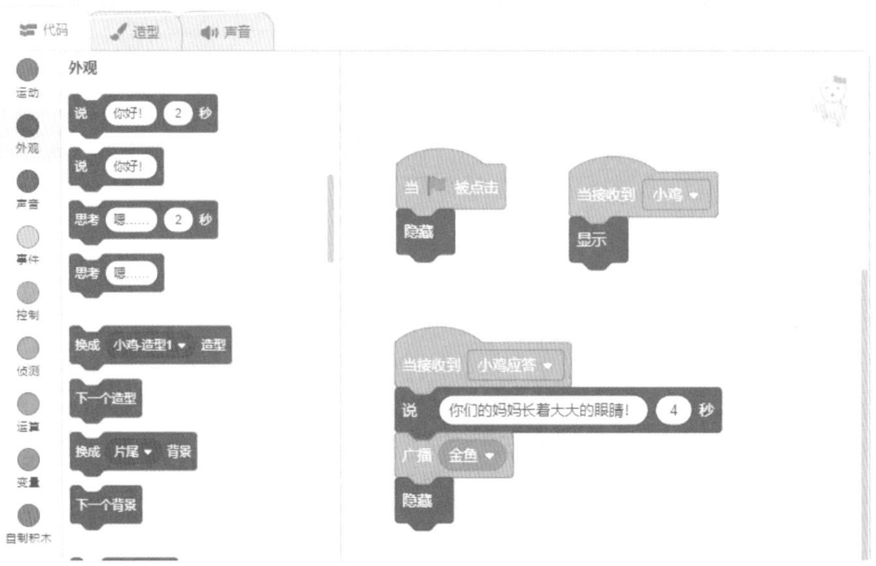

图 4-31　为“小鸡”角色编写脚本

Step 07 使用同样的方法，为其他角色编写脚本，如图 4-32~ 图 4-34 所示。

Step 08 单击“运行”按钮，运行程序并观察动画效果，根据测试结果进一步调试、完善作品。

Step 09 在菜单栏中单击“文件”按钮，在打开的菜单列表中单击“保存到电脑”命令，保存文件。

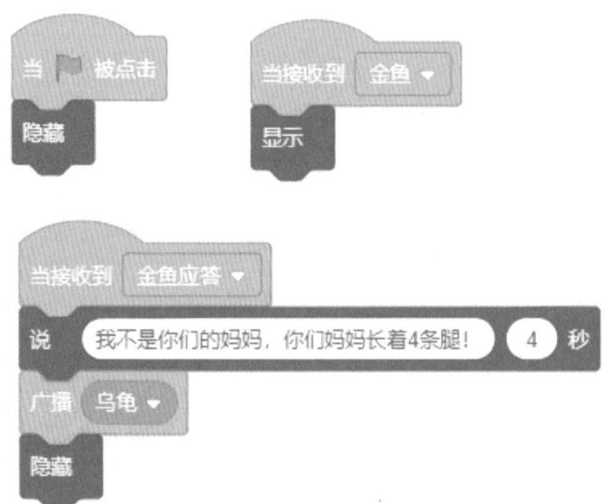

图 4-32　为“金鱼”角色编写脚本

图 4-33 为“乌龟”角色编写脚本

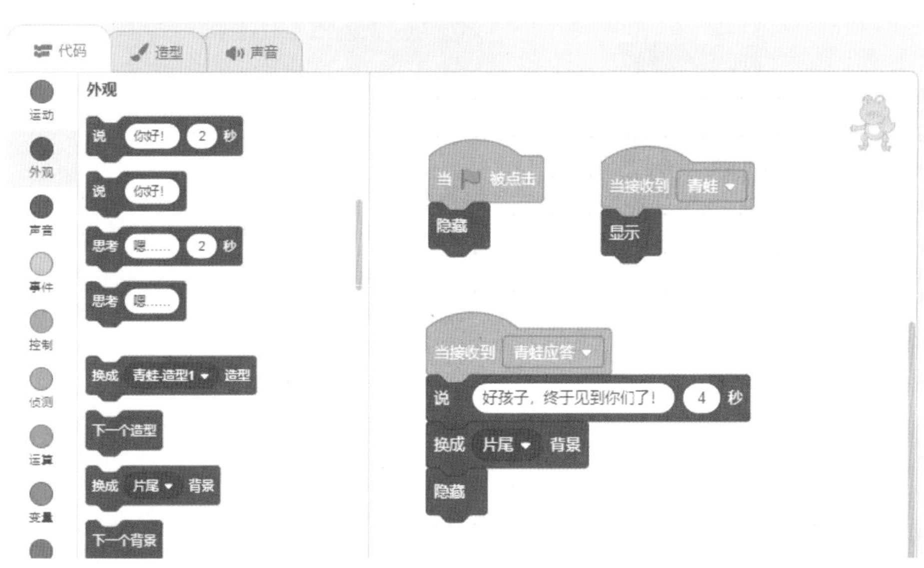

图 4-34 为“青蛙”角色编写脚本

4.2.3 知识点拨

1. 设置透明效果

我们准备的造型素材可能有白色背景，这会影响动画的效果。可参照图 4-35 进行操作，为图片设置透明效果。

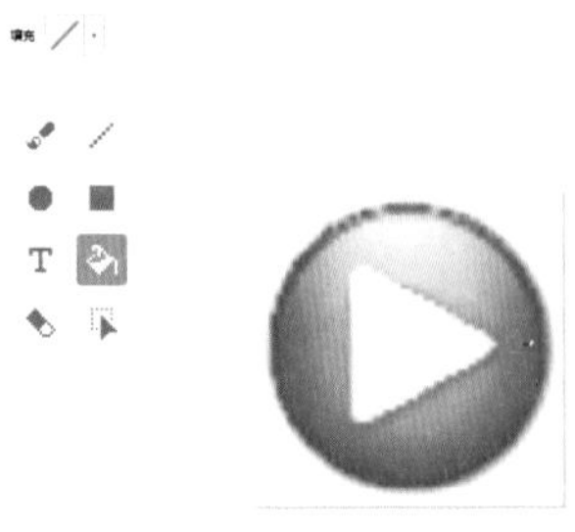

图 4-35　设置透明效果

2. 设置广播

通过广播消息可以控制角色之间的交互，角色将根据接收到的消息做出相应的动作。如图 4-36 所示，这里添加了一条广播消息。

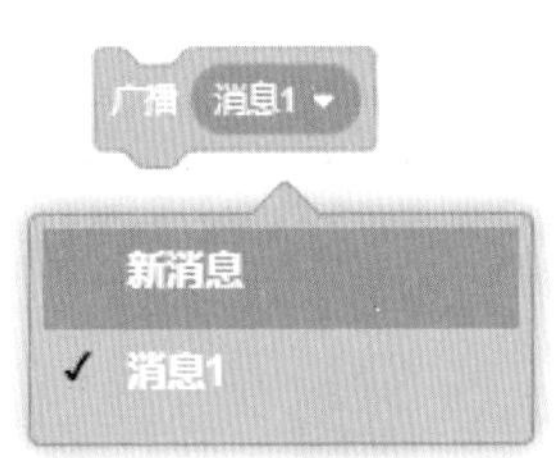

图 4-36　设置广播

第5章 控制声音模块

通过前面的学习，大家已经初步感受到 Scratch 的神奇魅力。Scratch 能够实现角色动画、绘制五彩图画、编写角色故事等。此外，Scratch 还可以让角色唱歌、发出各种奇妙的声音。本章将围绕声音主题，通过两个案例来探究播放音乐、录制声音以及使用各个声音模块的方法，体验创编音乐的乐趣。

5.1　唱歌比赛

森林王国正在进行一场“好声音”比赛，小猫和松鼠担任专业评委，希望选拔出森林王国里最有实力的唱将，小鸡、兔子、小狗都积极参加。本节将围绕“唱歌比赛”活动制作一场比赛的动画，如图 5-1 所示。

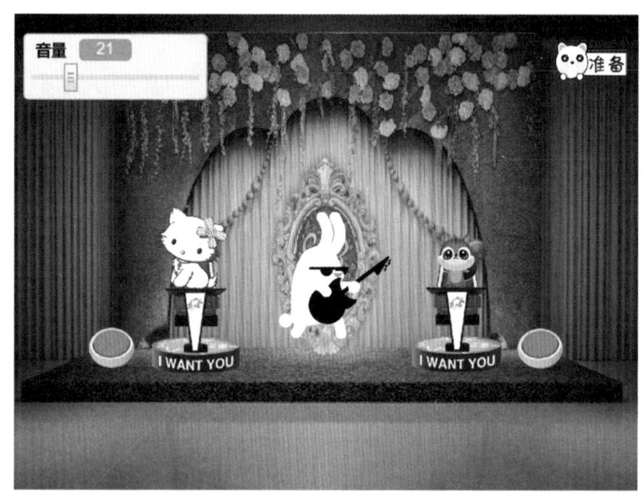

图 5-1　唱歌比赛

5.1.1　设计分析

可通过鼠标控制每位选手登台，每单击一次“准备”按钮，舞台中央便出现一名选手进行歌唱，此时的小猫和松鼠背对选手，当听到打动自己的声音时，只需要按下按钮，便可转动转椅面朝选手。这个案例的舞台背景和角色如表 5-1 所示。

表 5-1　舞台背景和角色

舞台背景	角色
	小鸡　兔子　小狗　按钮1　按钮2 准备　小猫转椅　松鼠转椅　小猫1　松鼠1

为了实现“唱歌比赛”的效果，需要对场景和每个角色进行细致的规划。主要的脚本规划如下。

- 选手与按钮（小鸡、兔子、小狗和“准备”按钮）：程序开始时，单击“准备”按钮，便会切换3种小动物角色，然后根据出现的小动物，播放不同的音乐；需要用到“事件”“外观”“运动”和“变量”积木。
- 评委与按钮（小猫、松鼠、小猫转椅、松鼠转椅、按钮1和按钮2）：程序开始时，显示在舞台上；进入比赛界面时，它们将被隐藏；需要用到“事件”“外观”和“运动”积木。

5.1.2 程序编写

为了实现“唱歌比赛”的效果，需要的角色有小猫、松鼠、小鸡、小狗、兔子、转椅、按钮等。为了使作品美观、使用方便，这个案例中的背景与角色是经过美化处理后从外部导入的。

Step 01 运行 Scratch 软件，按照图 5-2 所示进行操作，从外部素材中导入图片作为背景。

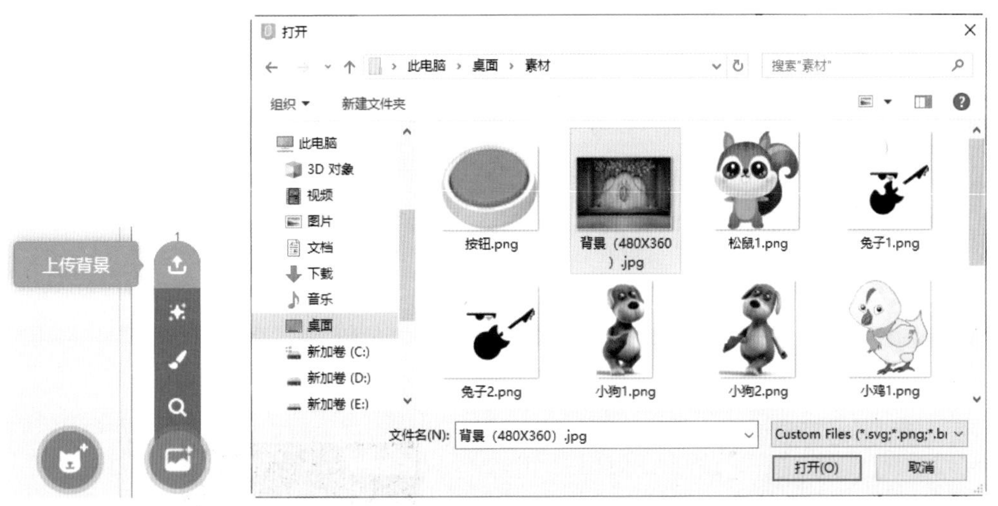

图 5-2　导入背景图片

Step 02 从角色区删除默认的“小猫”角色，按照图 5-3 所示进行操作，导入图片“小鸡 1.png”。

Step 03 按照图 5-4 所示进行操作，将导入的角色重命名为“ 小鸡”，并调整到合适的大小。

Step 04 按照图 5-5 所示进行操作，给“小鸡”角色添加造型。

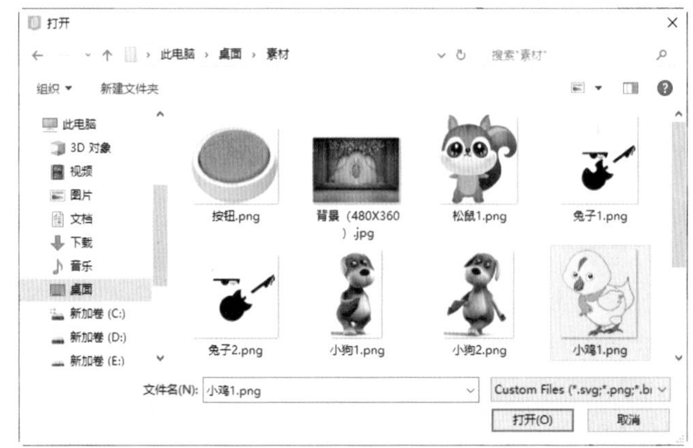

图 5-3　导入“小鸡”角色

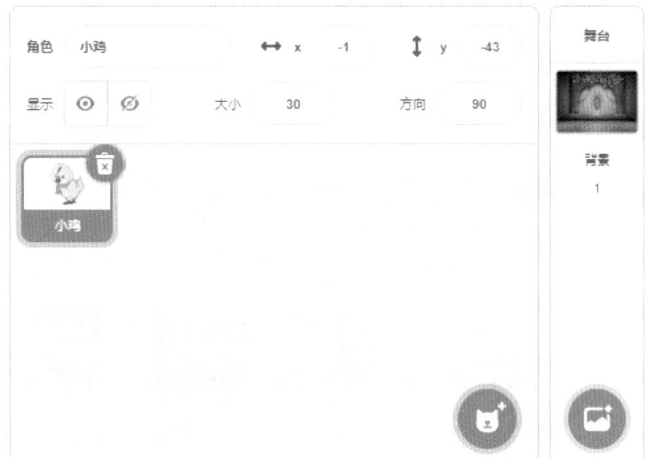

图 5-4　修改“小鸡”角色的大小

图 5-5　为“小鸡”角色添加造型

Step 05 使用同样的方法，分别导入其他角色并命名，效果如图 5-6 所示。

图 5-6 导入其他角色并命名

Step 06 按照图 5-7 所示进行操作，修改“小猫转椅”角色的造型。

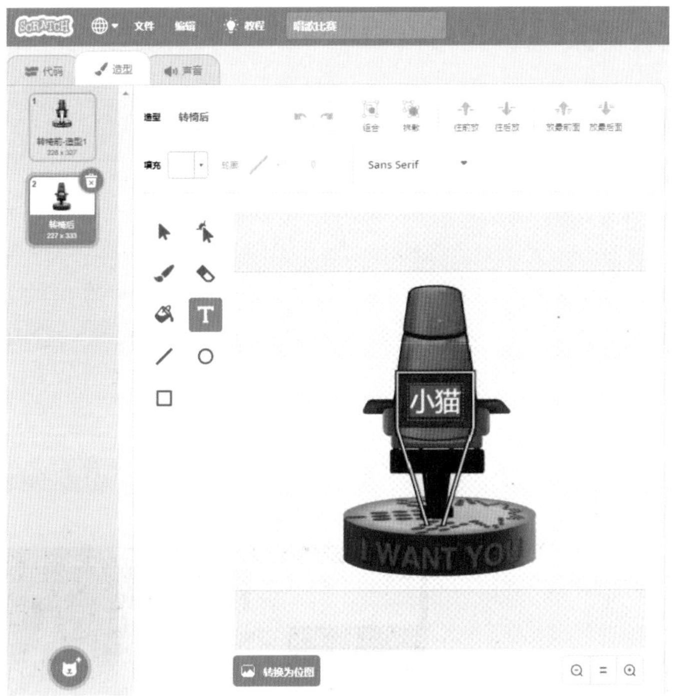

图 5-7 编辑“小猫转椅”角色

Step 07 在菜单栏中单击“文件”按钮，在打开的菜单列表中单击“保存到电脑”命令，保存文件。

根据前面所做的分析，我们需要分别为小猫、松鼠、小鸡、小狗、兔子、转椅、按钮等对象编写脚本，才能实现想要的“唱歌比赛”效果。

下面首先设置变量。这里需要用到“出场”和“音量”两个变量，“出场”变量用来控制动物出场的顺序，“音量”变量用来控制播放声音的大小。

Step 01 打开文件，按照图 5-8 所示进行操作，定义变量“出场”，用来控制角色出场的顺序。

图 5-8　定义变量“出场”

提示：

变量相当于存放数据的魔盒，可以根据需要改变魔盒中存储的数据，在这里也就是通过变量值的变化，控制角色出场的顺序。关于变量的介绍详见后面的章节。

Step 02 使用同样的方法定义变量“音量”，用来控制播放声音的大小。

Step 03 按照图 5-9 所示进行操作，设置变量的显示方式。

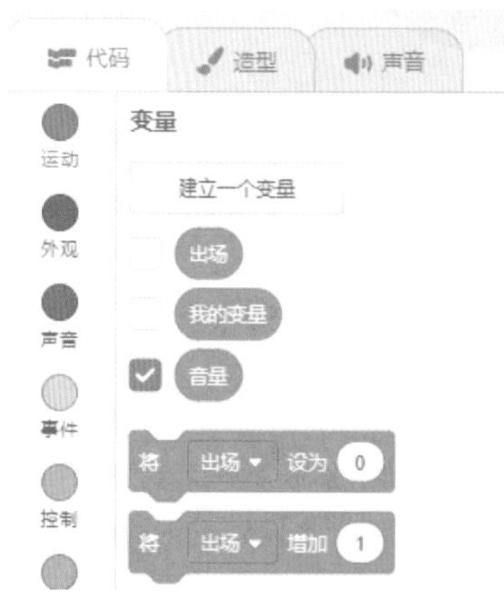

图 5-9　设置变量的显示方式

接下来为“按钮 1”和“按钮 2”编写脚本，从而控制“松鼠”和“小猫”评委是否出现；之后再通过单击“准备”按钮控制小动物选手的出场顺序。

Step 01 按照图 5-10 所示进行操作，拖动相应的积木，编写“准备”脚本。

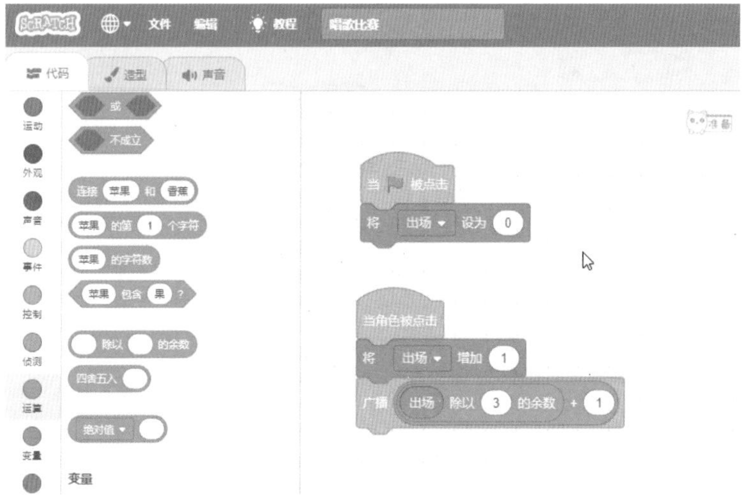

图 5-10　编写“准备”脚本

提示：

当单击 运行程序时，变量“出场”将被初始化为 0。每次单击“准备”按钮时，就对变量“出场”的值加 1。为了将数值控制在 1 和 3 之间，这里选择将“广播”设置为“出场”变量除以 3 的余数。

Step 02 在角色区选定“小猫转椅”角色，编写如图 5-11 所示的脚本。

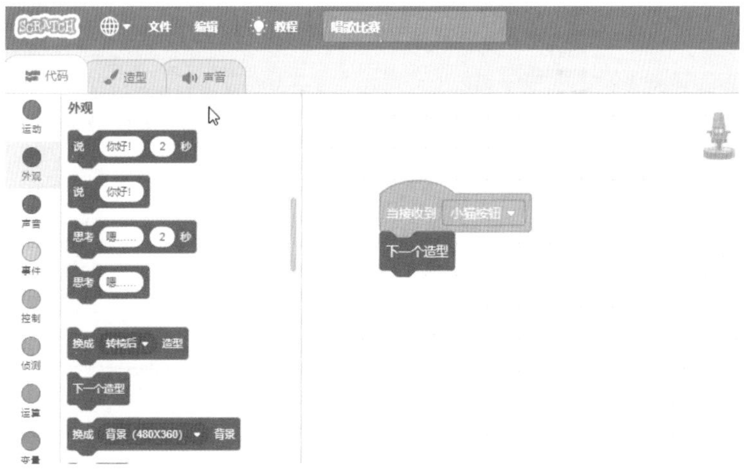

图 5-11　为“小猫转椅”角色编写脚本

Step 03 在角色区选定“松鼠转椅”角色，编写如图 5-12 所示的脚本。

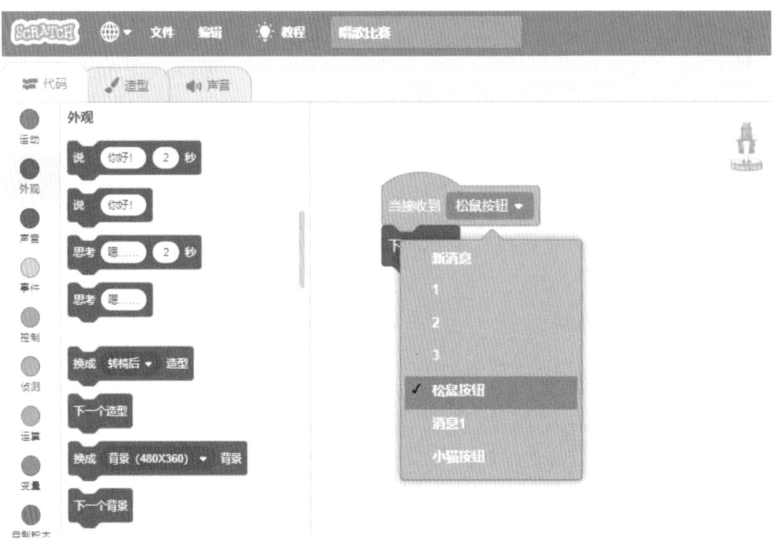

图 5-12　为“松鼠转椅”角色编写脚本

Step 04 选中“小鸡”角色，按照图 5-13 所示进行操作，导入音乐“小鸡小鸡 .mp3”。

图 5-13　为“小鸡”角色导入音乐

Step 05 按照上述方法，分别为小狗、兔子以及两个按钮导入音乐。

Step 06 选中“小鸡”角色，编写如图 5-14 所示的脚本。

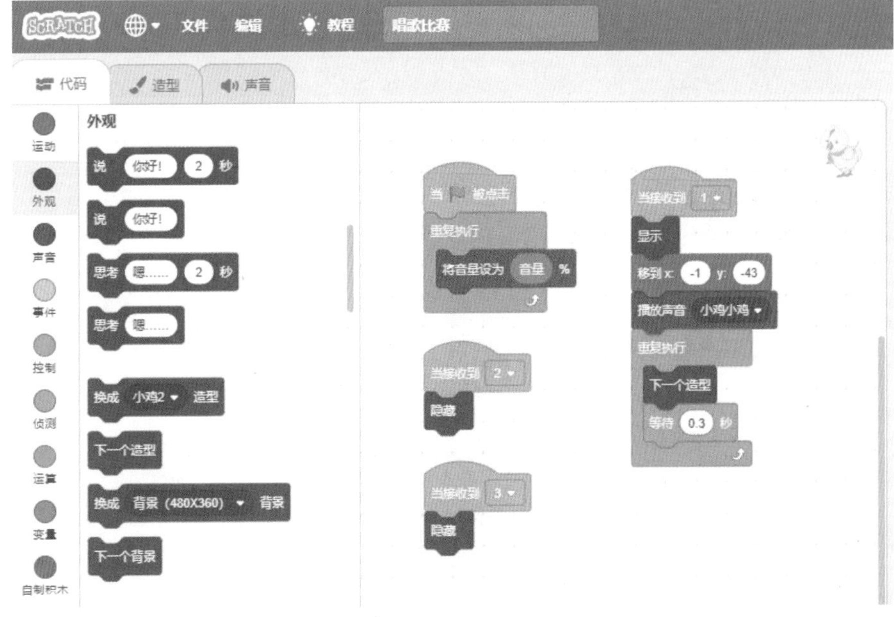

图 5-14　为“小鸡”角色编写脚本

Step 07 选中“小鸡”角色，复制其脚本给“小狗”和“兔子”角色。

Step 08 选中“小狗”角色，按照图 5-15 所示进行操作，修改复制过来的脚本。

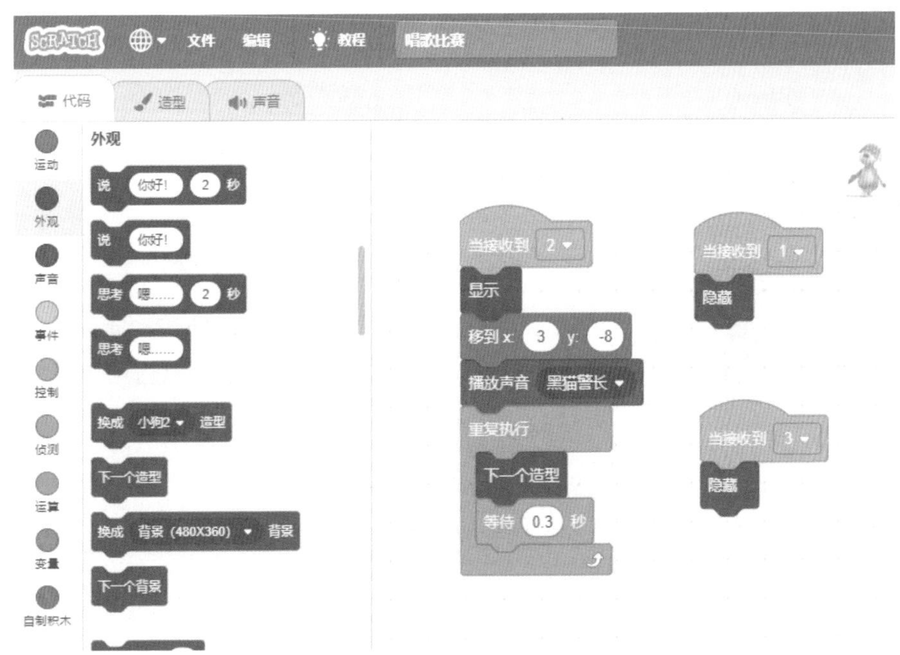

图 5-15　修改“小狗”角色的脚本

Step 09 选中“兔子”角色，按照上述方法，修改“兔子”角色的脚本，效果如图 5-16 所示。

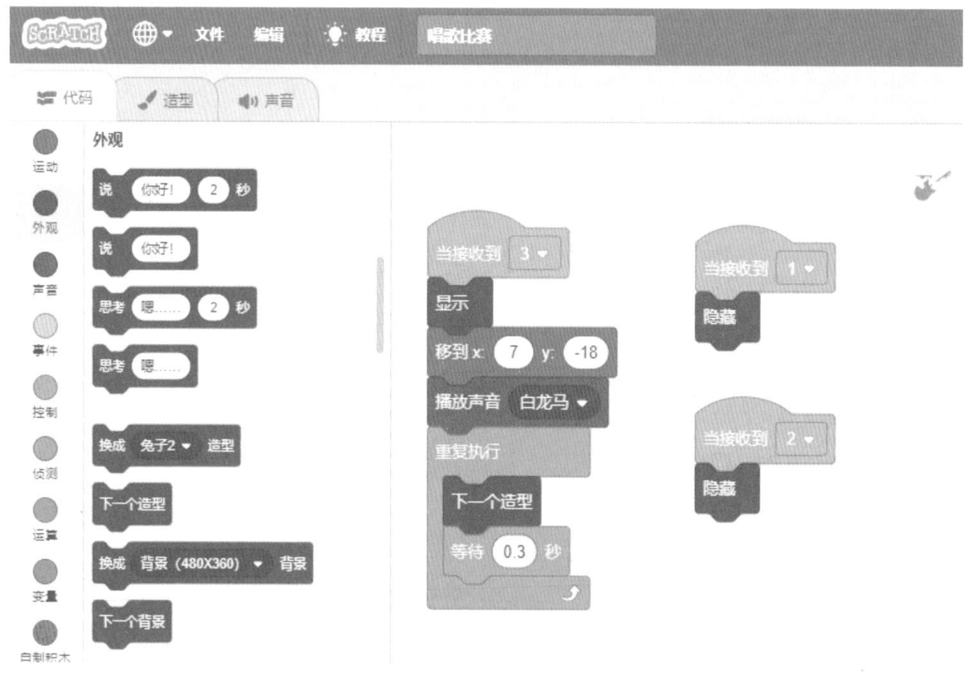

图 5-16　修改“兔子”角色的脚本

Step 10 分别选中“按钮 1”和“按钮 2”角色，编写如图 5-17 所示的脚本。

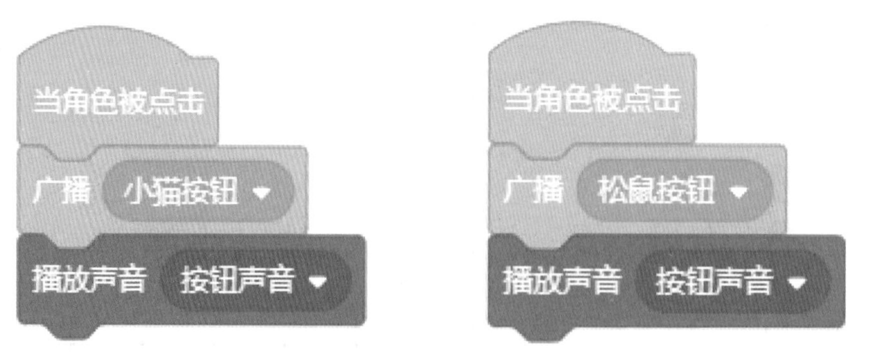

图 5-17　为按钮编写脚本

Step 11 单击“运行”按钮，运行程序并观察动画效果，根据测试结果进一步调试、完善作品。

Step 12 在菜单栏中单击“文件”按钮，在打开的菜单列表中单击“保存到电脑”命令，保存文件。

5.1.3 知识点拨

1. 导入声音

在 Scratch 中，我们可以轻松地给角色添加声音并播放音乐。角色的声音库里有着丰富的声音素材，当然我们也可以导入外部声音素材。在 Scratch 中，支持的声音格式只有 MP3 和 WAV 两种。

- MP3：MP3 格式利用了一种音频压缩技术，这种音频压缩技术能够对声音以 1:10 甚至 1:12 的压缩率进行压缩。
- WAV：WAV 格式是微软公司开发的一种声音文件格式，WAV 文件也叫波形声音文件。WAV 是最早的数字音频格式，得到了 Windows 平台及其应用程序的广泛支持。

2. 控制音量

在 Scratch 中，声音播放时的音量大小是可以控制的。在通过编写脚本控制音量大小时，一般有如下 3 种方式。

- 静态设定音量：选择“声音”模块里的积木，就可以将音量设定为固定大小。
- 动态调整音量：如果需要在程序运行过程中不断调整音量，那么可以使用“声音”模块里的积木，参数大于 0 时表示增大音量，多数小于 0 时表示减小音量。
- 使用变量控制音量：创建一个变量，在程序运行时根据需要为这个变量赋值，然后将这个变量的值设定为音量。在本案例中，“音量”就是一个变量，当这个变量以“滑杆”状态显示时，便可以灵活控制音量，如图 5-18 所示。

图 5-18 使用变量控制音量

5.2 声控小猫

小猫最近玩起了冒险游戏，可通过声音来控制小猫的跑动和跳起，从而成功帮助小猫跨越鸿沟。每当小猫持续 20 秒安全时，小猫便开始高兴地说话；但是当不幸掉落鸿沟时，小猫也会发出一声惨叫。本节将围绕“声控小猫”的行为制作游戏动画，效果如图 5-19 所示。

图 5-19　声控小猫

5.2.1 设计分析

“声控小猫”游戏通过声音控制小猫，当发出的声音不太大时，小猫开始走动；当前方遇到鸿沟时，发出大声让小猫跳起来，从而跨越鸿沟安全着落到另一个地块。这个案例的舞台背景和角色如表 5-2 所示。

表 5-2　舞台背景和角色

舞台背景	角色
	小猫　地块1　地块2　白云

为了实现“声控小猫”游戏的功能，需要对场景和每个角色进行细致的规划。主要的脚本规划如下。

- “小猫”角色：程序运行时落到指定位置；当接收到“失败”消息时隐藏；当声音响度大于30时切换造型；当声音响度大于99时跳起来；碰到边缘时广播“失败”消息并播放“救命啊”声音；每20秒播放一次“喵”的声音；需要用到“事件”“控制”“外观”“运动”“声音”“运算”“侦测”和“变量”积木。
- “地块”角色：程序运行时显示在固定的位置；当声音响度大于30时向左慢移；当声音响度大于99时向左快移；当移到左侧过半时，便移到右侧显示；需要用到“事件”“控制”“运动”“运算”和“侦测”积木。
- “白云”角色：程序运行时从右向左移动；当移到左侧过半时，便移到右侧显示；需要用到“事件”“控制”“运动”和“运算”积木。

5.2.2 程序编写

“声控小猫”游戏需要的角色有小猫，还有空中飘动的云，此外小猫行走的地块也是角色。为了使作品美观、操作方便，这个案例中的背景与角色是经过美化处理后从外部导入的。

Step 01 运行 Scratch 软件，按照图 5-20 所示进行操作，绘制蓝色的天空背景。

图 5-20 绘制蓝色的天空背景

Step 02 按照图 5-21 所示进行操作，添加游戏结束时的背景。

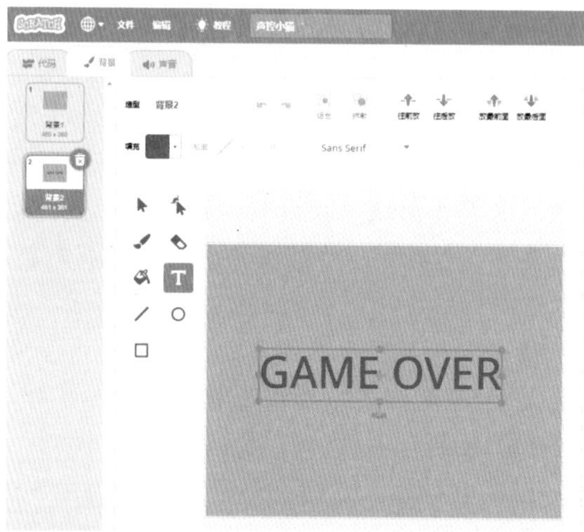

图 5-21　添加游戏结束时的背景

Step 03 从本地文件中导入图片，添加如图 5-22 所示的角色。

图 5-22　添加角色

Step 04 选择“小猫”角色，按照图 5-23 所示进行操作，给“小猫”录制新的声音，声音的内容为：“救命啊！”

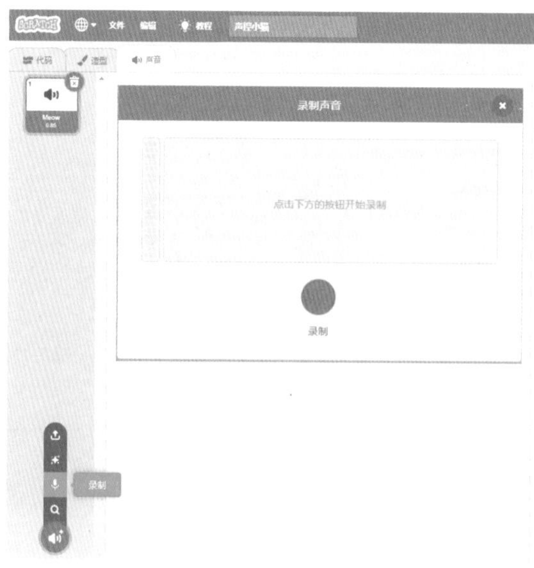

图 5-23　录制声音

提示：

在录制声音之前，请检查录音设备是否正常，并将音量调至合适大小。在录音过程中，应尽可能选择安静的环境，以减少噪声。

Step 05 按照图 5-24 所示进行操作，编辑声音并将声音命名为“救命啊”。

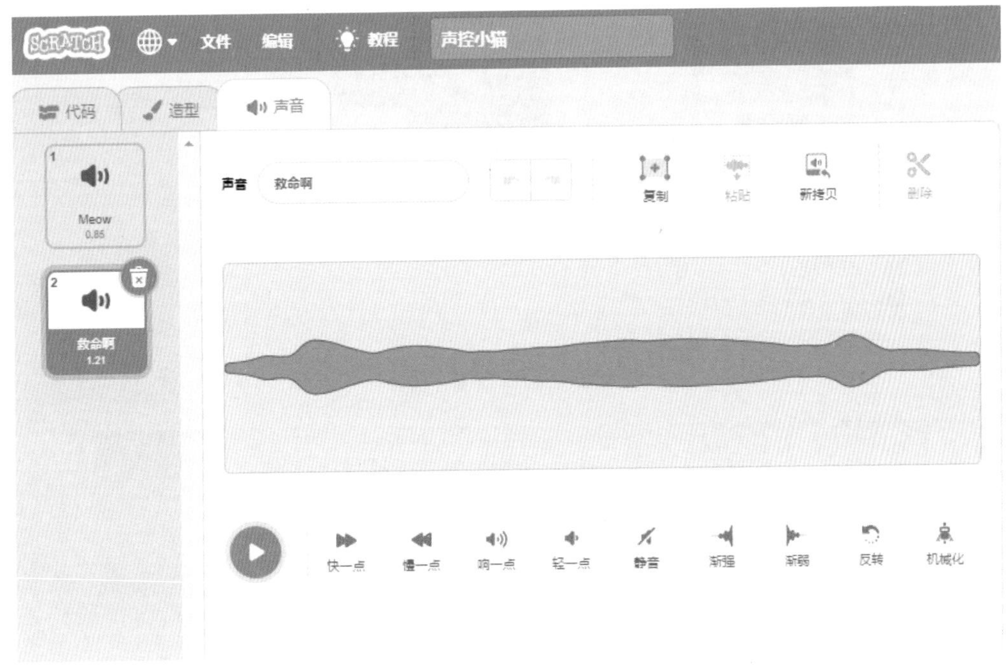

图 5-24 编辑声音

Step 06 在菜单栏中单击“文件”按钮，在打开的菜单列表中单击“保存到电脑”命令，保存文件。

在“声控小猫”游戏中，用到的对象有背景、小猫、白云、地块 1、地块 2 等，以上每个对象在程序运行时都会做出不同的动作。在这个案例中，小猫并没有向前移动，而是通过让地块和白云向左移动，来实现小猫向右运动的效果。这里需要用到“秒数”变量，并且需要在背景中编写脚本，从而对其进行初始化与赋值。

Step 01 选择“数据”指令模块，创建“秒数”变量，并显示在舞台上。

Step 02 按照图 5-25 所示进行操作，给“舞台”对象添加脚本。

Step 03 选定角色“白云”，添加相应的脚本，如图 5-26 所示。

Step 04 在菜单栏中单击“文件”按钮，在打开的菜单列表中单击“保存到电脑”命令，保存文件。

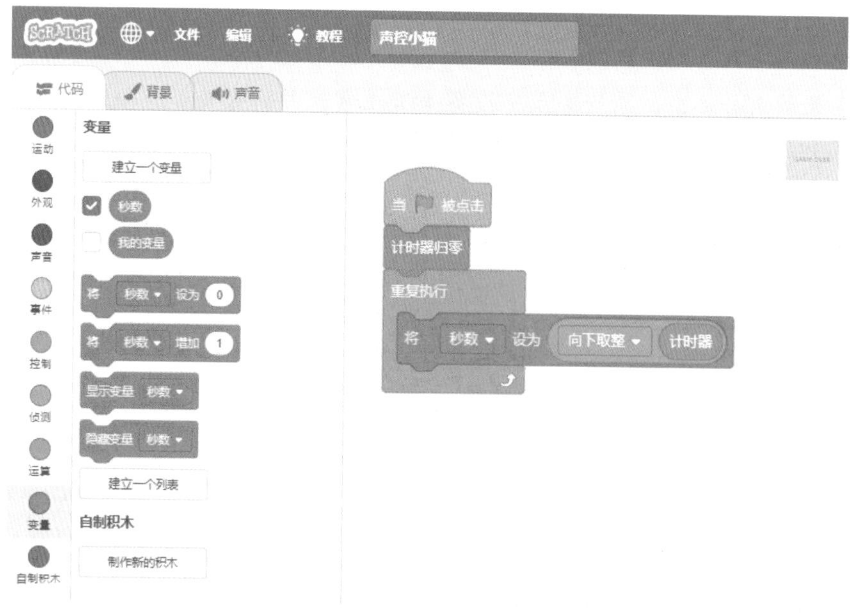

图 5-25　为舞台编写脚本

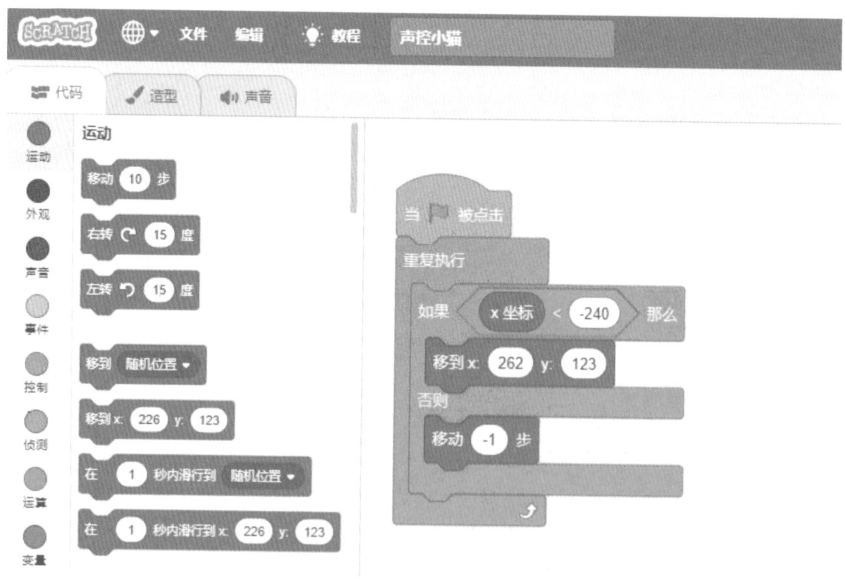

图 5-26　为“白云”角色编写脚本

下面为地块编写脚本，从而分别控制“地块 1”和“地块 2”在声音响度大于 30 时向左慢移，而在声音响度大于 99 时向左快移。

Step 01 选定角色“地块 1”，拖入“移到 *x*…*y*…”积木，脚本如图 5-27 所示。

Step 02 添加响度侦测脚本，实现根据不同的声音响度产生不同的移动速度，脚本如图 5-28 所示。

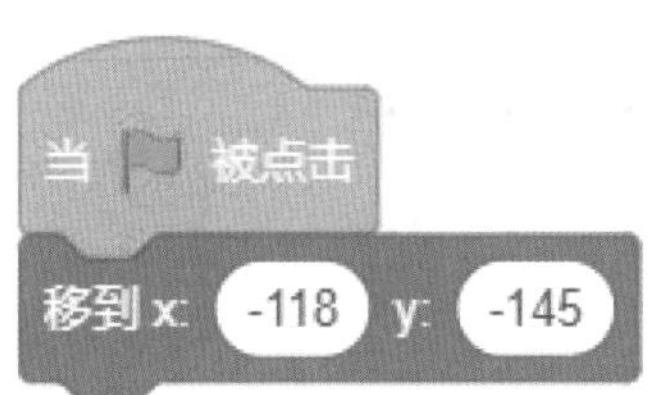

图 5-27 初始化地块 1 的位置

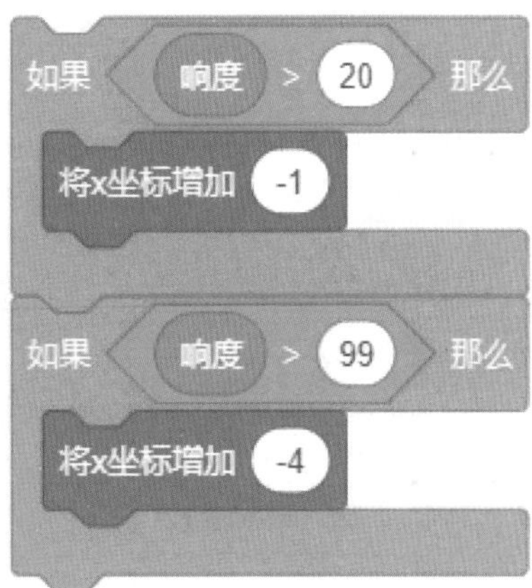

图 5-28 侦测声音的响度

Step 03 为了防止地块 1 进入舞台左侧，拖入“将 *x* 坐标设定为……”积木，控制地块 1 的显示位置，脚本如图 5-29 所示。

图 5-29 控制地块 1 的显示位置

提示：

由于舞台最左侧的 *x* 坐标值是 -240，因此当地块 1 的 *x* 坐标值小于 -240 时，就表示地块 1 已进入舞台左侧且过半了，此时应重新将地块 1 的 *x* 坐标值设为地块 2 的 *x* 坐标值加 240。

Step 04 复制地块 1 的整个脚本到地块 2，如图 5-30 所示。

下面为“小猫”角色编写脚本，控制小猫当声音响度大于 30 时切换造型，而当声音响度大于 99 时跳起来。

Step 01 选定角色“小猫”，拖入相应积木，实现小猫发出喵声的效果，脚本如图 5-31 所示。

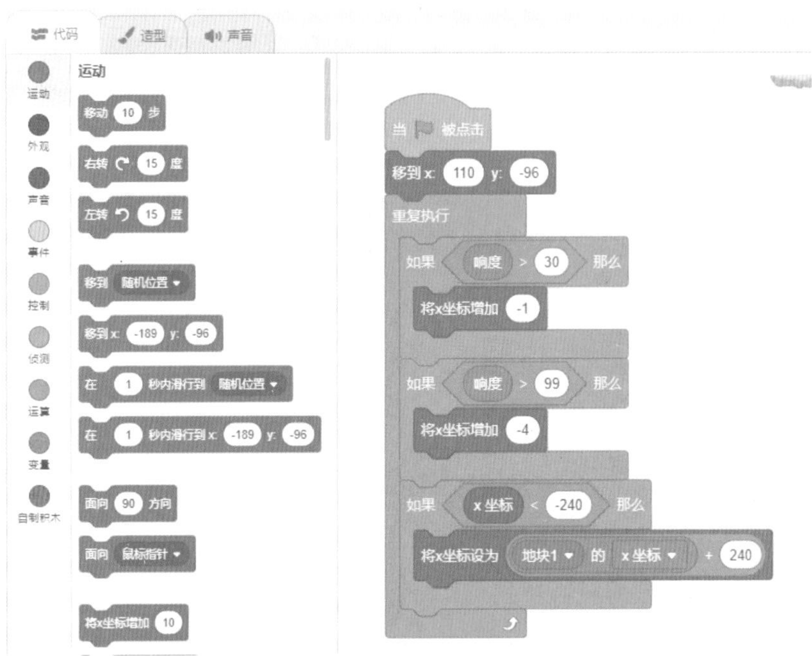

图 5-30　为地块 2 编写的脚本

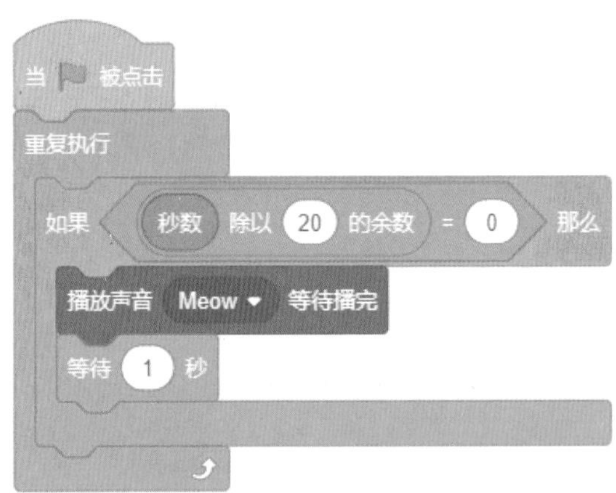

图 5-31　实现小猫发出喵声的效果

提示：

我们在“播放声音”积木的下方添加了“等待 1 秒”指令，这么做是为了实现在 1 秒时间内只判断响应 1 次，否则就反复播放声音。

Step 02 选定角色“小猫”，拖入相应积木，确定小猫的初始位置，脚本如图 5-32 所示。

Step 03 拖入“逻辑判断”积木，当侦测到声音时，让小猫走动，脚本如图5-33所示。

图5-32　初始化小猫的位置

图5-33　切换小猫的造型

Step 04 拖入“逻辑判断”积木，当侦测到声音较大时，让小猫跳起后下落，脚本如图5-34所示。

Step 05 设置当小猫下落且触碰到舞台边缘时的响应，脚本如图5-35所示。

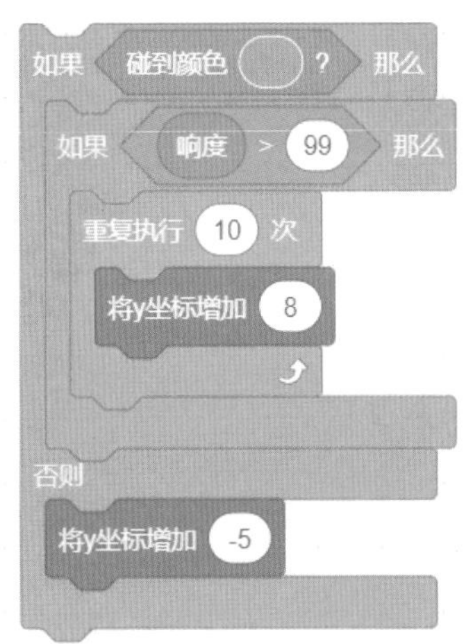

图5-34　控制小猫跳起

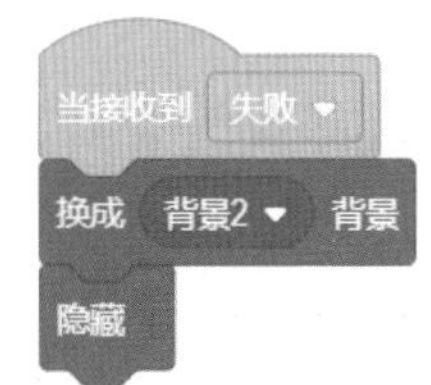

图5-35　设置失败响应

Step 06 单击“运行”按钮，运行程序并观察动画效果，根据测试结果进一步调试、完善作品。

Step 07 在菜单栏中单击“文件”按钮，在打开的菜单列表中单击“保存到电脑”命令，保存文件。

5.2.3 知识点拨

在 Scratch 中，我们不仅可以录音、调整声音的大小与播放速度，而且可以设置有趣且特殊的声音效果，甚至可以对声音进行反转。

■删除声音：按照图 5-36 所示进行操作，可以删除不需要的声音部分。

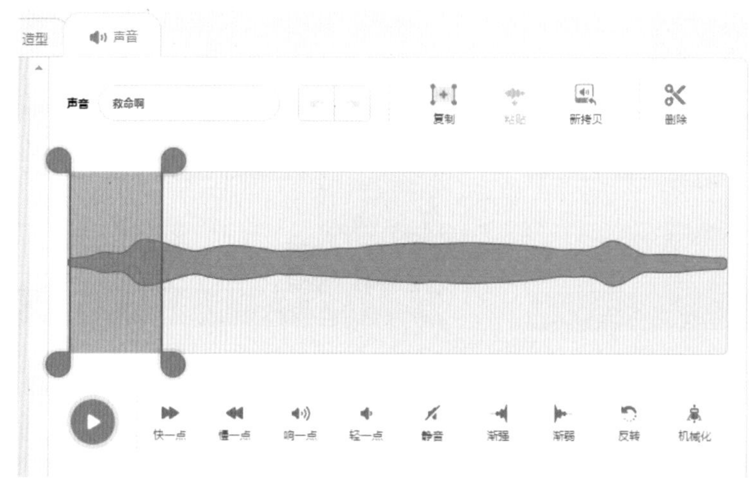

图 5-36　删除声音

■反转声音：按照图 5-37 所示进行操作，可以对声音进行反转。

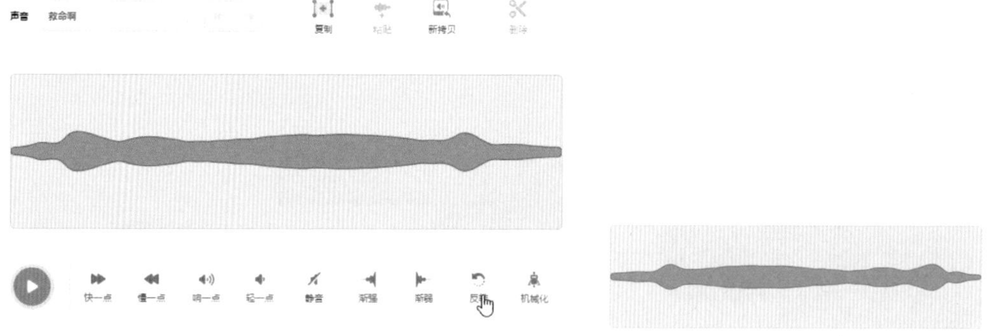

图 5-37　反转声音

第 6 章 控制运算模块

通过前面的学习，我们已经可以使用 Scratch 控制角色运动、绘制图形效果、控制舞台、控制声音等，除此之外，我们还可以使用 Scratch 控制这类运算程序。本章将通过两个案例来进一步学习“变量”和“控制”积木，同时学习程序设计中最常见的一些运算符。

6.1 猜数字

下面我们一起来玩猜数字的游戏。首先设定一个介于 0 和 10 的任意数字，然后根据提示内容猜 3 次，看看能不能猜对数字。本节将围绕“猜数字”制作一个互动的游戏动画，如图 6-1 所示。

图 6-1　猜数字

6.1.1 设计分析

使用“运算”模块中的“随机数”积木，在 1 和 10 之间产生一个随机数，玩家通过“询问”方式进行猜测，游戏对玩家的“回答”与产生的“随机数”进行比较，并反馈结果。这个案例的舞台背景和角色如表 6-1 所示。

表 6-1　舞台背景和角色

舞台背景	角色
	You win! Game over!

为了实现“猜数字”游戏的效果，需要对场景和每个角色进行细致的规划。主要的脚本规划如下。

- 舞台背景：程序开始时，出现游戏中的背景；猜数结束时，显示游戏开始前的背景；需要用到“事件”和“外观”积木。
- “教师”角色：程序开始时，显示在舞台上；当对话开始时，随机生成一个数字，并判断学生回答的数字是否正确；需要用到“事件”“外观”和“运算”积木。
- “学生”角色：程序开始时，显示在舞上，等随机数生成后，开始猜数；需要用到“事件”“外观”和“侦测”积木。
- “You win！”：程序开始时隐藏，当接收到失败信息时隐藏，当接收到成功信息时显示；需要用到“事件”积木。
- “Game over！”：程序开始时隐藏，当接收到失败信息时显示，当接收到成功信息时隐藏；需要用到“事件”积木。

当游戏开始时，“教师”角色将产生一个随机数，并广播“竞猜开始”。“学生”角色收到通知后输入猜测的数字，“教师”角色开始比较随机数和猜测数的大小关系，随后根据 3 种不同的比较情况，分别做出响应。脚本流程图如图 6-2 所示。

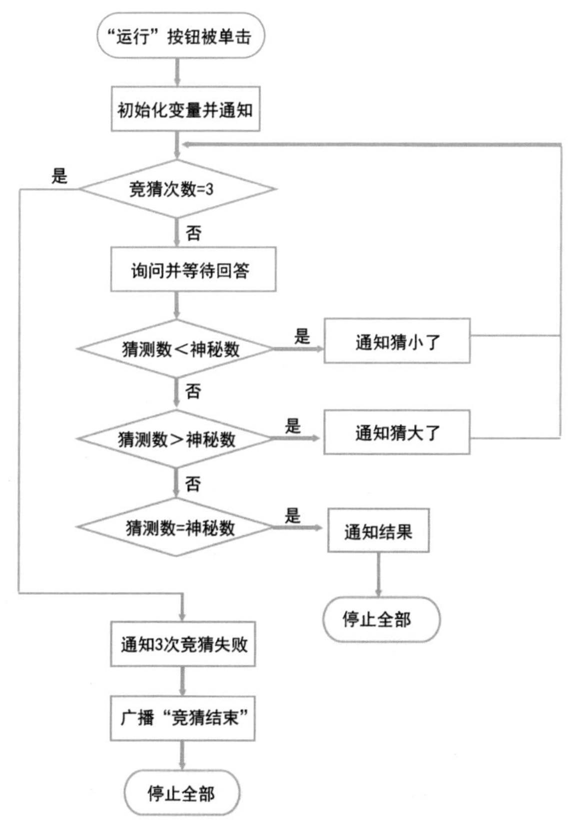

图 6-2 脚本流程图

6.1.2 程序编写

通过前面所做的分析，这个案例需要两个变量。其中，变量“神秘数”用来存储随机数，也就是“教师”想让“学生”竞猜的数字；变量“猜测数”用来存储“学生”每次猜想的数。

Step 01 按照图 6-3 所示进行操作，定义变量“神秘数”。

图 6-3 定义变量“神秘数”

Step 02 使用同样的方法定义变量“猜测数”。定义好变量后，“变量”积木的下方会出现与变量相关的积木，效果如图 6-4 所示。

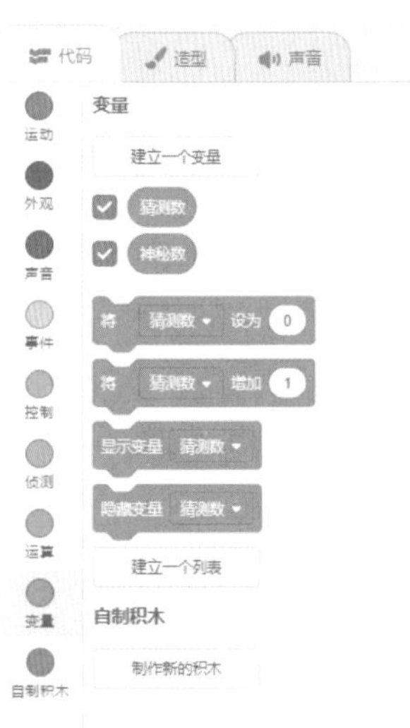

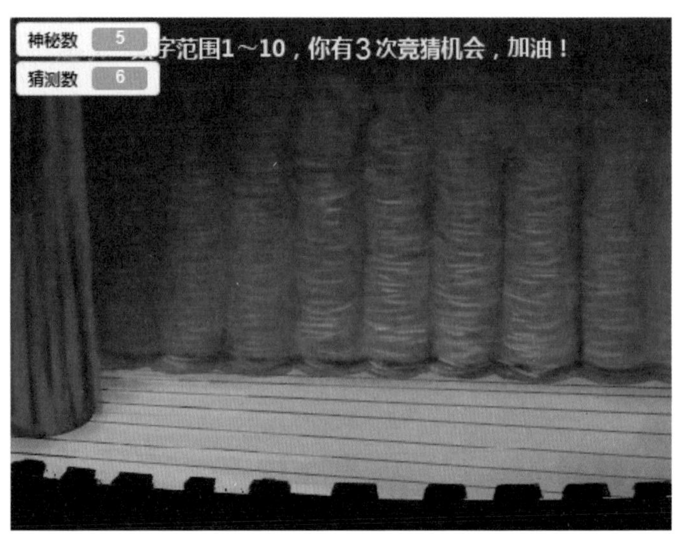

图 6-4 变量的舞台显示效果

Step 03 分别单击变量“猜测数”和“神秘数”左侧的复选框，使它们不再显示于舞台上。

提示：

系统在定义变量后，默认会在舞台上显示变量的当前值，我们需要根据脚本来选择是否在舞台上显示变量。右击舞台上显示的变量，就会弹出相应的操作命令。

舞台和角色布置好之后，下面根据算法为各个角色编写脚本。在正式编写脚本之前，可根据算法和案例的需要，对角色进行适当的调整。如果程序中含有变量，那么编写脚本的第一步是定义变量，之后再为各个角色编写脚本。

我们首先为“教师”角色编写脚本。对于一些脚本较多的角色，编写脚本时可以分段进行：一般可以先进行初始化，再编写循环体，最后编写控制脚本。

Step 01 单击选择“教师”角色，将积木拖到脚本区。

Step 02 显示并通知出题，分别拖动和积木到上一积木的下方，并修改询问的内容为“想好了，你猜吧！”。

Step 03 分别选择“变量”和“运算”积木，按照图 6-5 所示进行操作，设定“神秘数”变量为 1~10 的随机数。

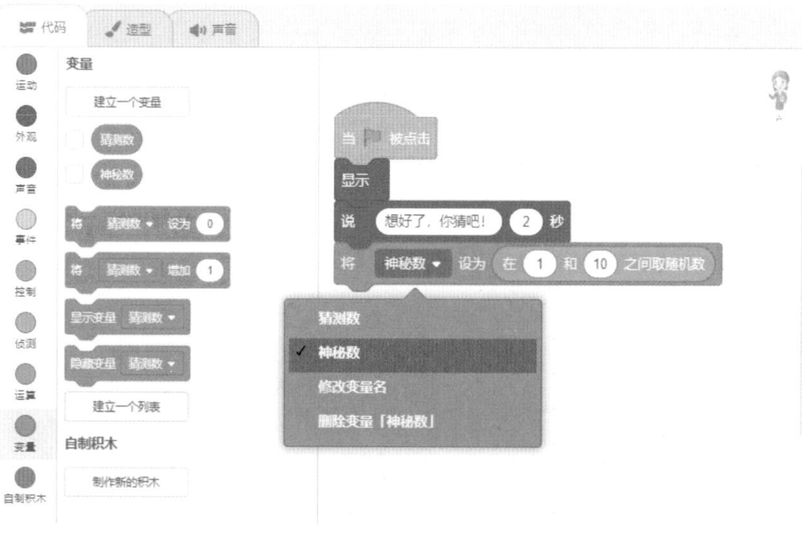

图 6-5 设定“神秘数”变量

提示：

随机数选择指令不能单独使用，而是需要结合变量值设定指令来使用，默认产生的是 1 ～ 10 的随机数。

Step 04 单击“控制”积木，将“重复执行 10 次”积木拖到上一积木的下方，并修改参数值为 3。

Step 05 单击“事件”积木，按照图 6-6 所示进行操作，广播“开始竞猜”的消息，并等待接收角色完成相应的脚本。

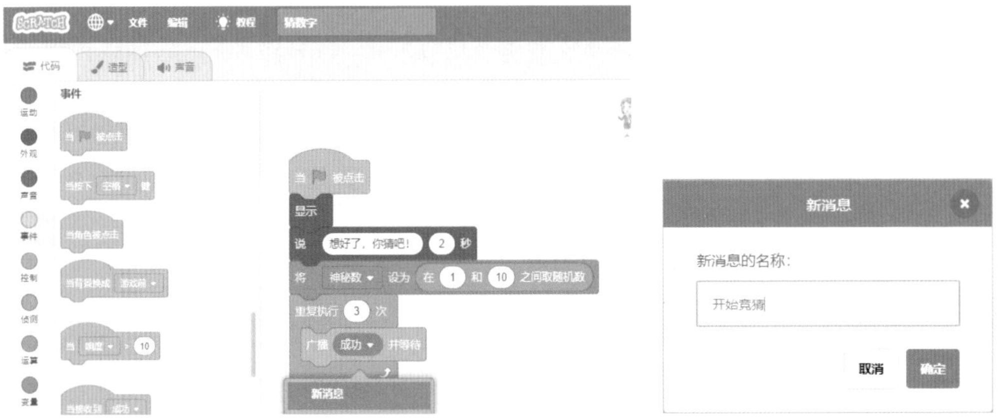

图 6-6　广播消息并等待

提示：

广播并等待指令的作用是广播消息，然后等接收广播的角色执行完脚本后，再继续执行自己的脚本。

Step 06 分别选择“控制”“运算”和“变量”积木，完成三种判断分支结构的搭建，效果如图 6-7 所示。

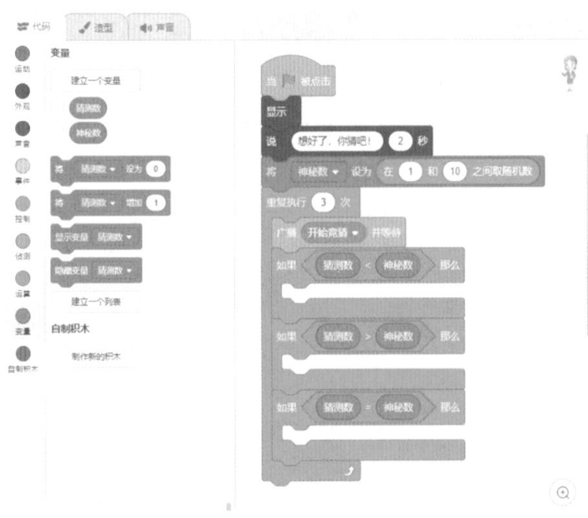

图 6-7　搭建分支结构

提示：

Scratch 提供了 <、= 和 > 三个大小关系运算符，运算后返回“真”或“假”的逻辑结果；如果想要表达≤、≥这样的关系，则必须结合“或”运算符并连接两个关系来完成。

Step 07 根据每个选择分支的逻辑判断的响应内容，分别编写各个分支下的脚本，如图 6-8 所示。

Step 08 分别编写通知游戏结束、广播“竞猜结束”消息、停止游戏的脚本，效果如图 6-9 所示。

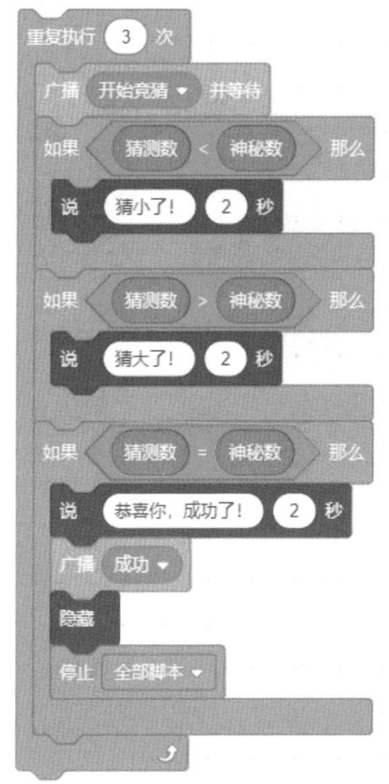

图 6-8 完整的循环结构脚本

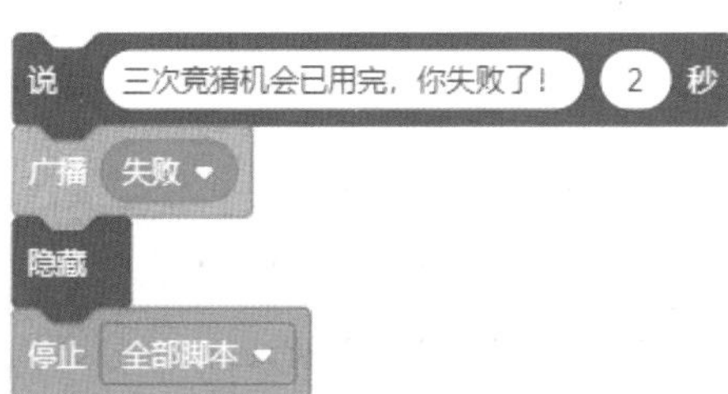

图 6-9 完成其他脚本

接下来为其他角色编写脚本。我们首先使“学生”角色开始答题，然后在“成功”“失败”角色中分别响应相应的结果。

Step 01 选择“学生”角色，单击“事件”积木，按照图 6-10 所示进行操作，设置“学生”角色的脚本的响应方式。

Step 02 单击“侦测”积木，拖动积木到上一积木的下方，并修改询问的内容为“我来猜：”。

Step 03 分别选择“变量”积木和“侦测”积木，按照图6-11所示进行操作，设定变量“猜测数”为“回答”的数字。

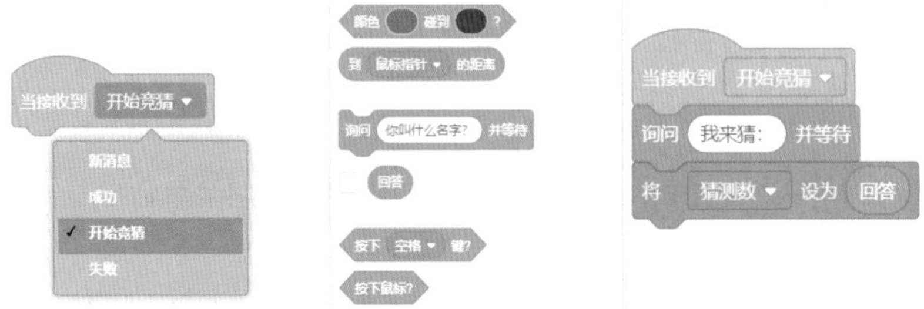

图6-10　设置“学生”角色的脚本的响应方式　　图6-11　设定变量“猜测数”

Step 04 分别选择“事件”积木和“外观”积木，完成“学生”角色的其他脚本，完整的脚本如图6-12所示。

Step 05 单击“失败”角色，分别选择“事件”积木和“外观”积木，完成“失败”角色的脚本，如图6-13所示。

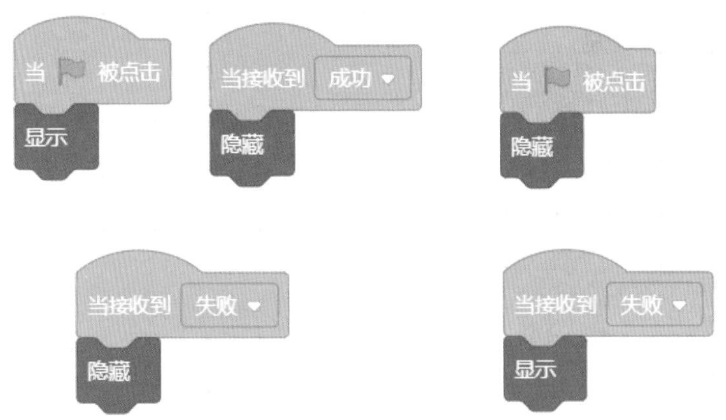

图6-12　“学生”角色的完整脚本　　图6-13　“失败”角色的完整脚本

Step 06 使用同样的方法，完成“成功”角色的脚本，如图6-14所示。

Step 07 选择舞台，完成背景的切换，完整的背景脚本如图6-15所示。

Step 08 单击“运行”按钮，运行程序并观察动画效果，根据测试结果进一步调试、完善作品。

Step 09 在菜单栏中单击“文件”按钮，在打开的菜单列表中单击“保存到电脑”命令，保存文件。

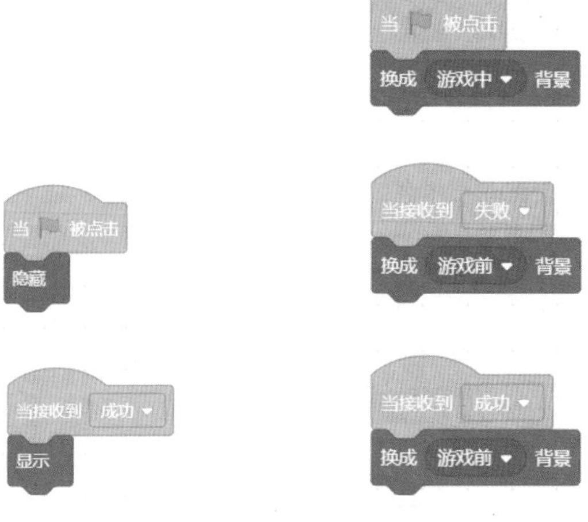

图 6-14 “成功”角色的完整脚本　　图 6-15 背景切换脚本

6.1.3 知识点拨

1. 变量

在 Scratch 中，变量分为两种：一种是全局变量，另一种是局部变量。

- 全局变量：全局变量的作用域是整个程序。在 Scratch 中新建变量时，默认创建的便是全局变量，这种变量适合所有的角色，本案例中的“神秘数”和“猜测数”变量就是全局变量。
- 局部变量：局部变量的作用域仅限于定义这种变量的子程序，它们在 Scratch 中仅适用于某个角色。在建立局部变量时，需要先选择适用的角色，再定义具体的变量。

2. 变量的功能

一个变量建立后，“变量”积木的下方就会自动出现这个变量的名称与4个积木。当建立的变量有多个时，选择这些积木后，便可在下拉菜单中选择需要的变量。

- ：当这个复选框被勾选时，变量“猜测数”将显示在舞台上。
- ：设定变量“猜测数”为某一数值，这个数值可以直接输入，也可以是其他变量，甚至是带变量的代数式。
- ：为变量“猜测数”增减指定的值。例如，要将“猜测数”减 1，可以修改参数值为 -1。
- ：设定在舞台上显示变量“猜测数”。
- ：设定不在舞台上显示变量“猜测数”。

6.2 口算问答

想不想测一下自己的口算能力？Scratch 可以轻松实现一个测口算能力的程序。本节将编写一个 10 以内的整数加法程序，为了让这个程序更有趣，我们将记录玩家的答题数和答对数，如图 6-16 所示。

图 6-16　口算问答

6.2.1　设计分析

本案例以单击 Play 按钮开始，教师给出一道 10 以内的加法题，玩家通过“询问”积木输入答案，教师对玩家的“回答”与实际的答案进行比较，并反馈答题结果。玩家可通过单击 Over 按钮来结束游戏，游戏结束后，教师反馈答题数和答对数。这个案例的舞台背景和角色如表 6-2 所示。

表 6-2　舞台背景和角色

舞台背景	角色
	 Play Over

为了实现“口算问答”案例效果，需要对舞台背景和每个角色进行细致的规划，使它们在程序运行时分别做出不同的动作。主要的脚本规划如下。

- Play 按钮：程序开始时，单击角色，广播游戏开始；需要用到“事件”积木。
- Over 按钮：程序开始时，单击角色，广播游戏结束；需要用到“事件”积木。
- “教师”角色：程序开始时，接收广播后随机出题，根据玩家给出的答案判断对错并累加答题数，接收广播后反馈结果；需要用到“事件”“外观”“运算”“变量”“控制”和“侦测”积木。

Play 按钮和 Over 按钮只是分别发出游戏开始与结束的信号，因而不需要做流程分析；“教师”角色则承担主要程序代码的运行过程，所以这个案例的程序流程分析主要是针对“教师”角色进行的。“教师”角色的程序流程图如图 6-17 所示。

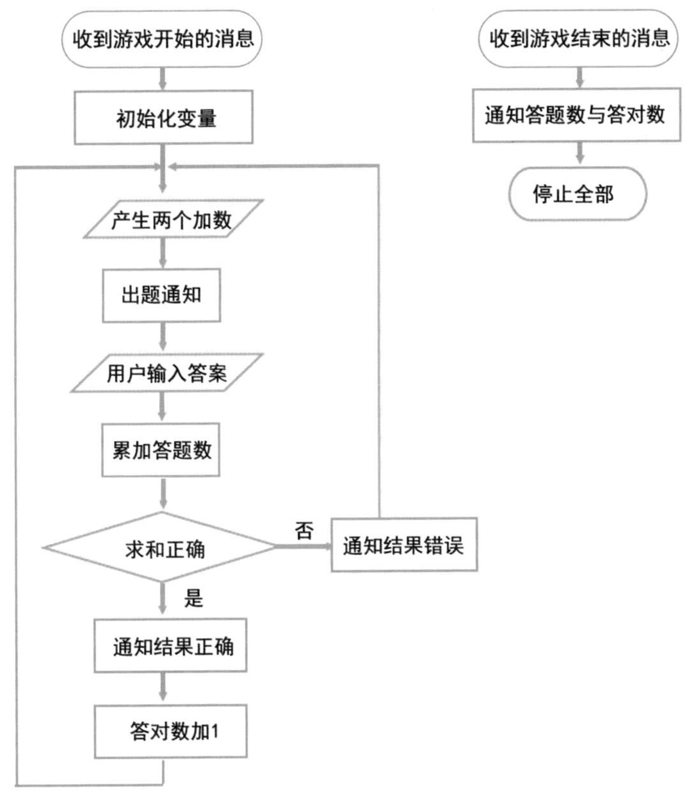

图 6-17 “教师”角色的程序流程图

在执行加法运算的过程中，两个加数及其和是 3 个基本的变量，为了统计答题者做题总数和答对的题数，还需要另外两个变量，所以这个案例一共需要定义 5 个变量。由于 Play 按钮和 Over 按钮的脚本不能读取变量的值，因此在定义角色变量时，选择“仅适用于当前角色”，也就是定义局部变量。本案例使用的变量及其意义如下所示。

- 加数 1：局部变量（教师），“教师”角色产生的随机加数。
- 加数 2：局部变量（教师），“教师”角色产生的随机加数。
- 和：局部变量（教师），两个随机加数的和。
- 答题数：全局变量，用户回答的题数。
- 答对数：全局变量，用户答对的题数。

6.2.2 程序编写

根据前面所做的变量分析，我们需要建立“加数 1”“加数 2”“和”“答题数”“答对数”5 个变量。

Step 01 选择角色“教师”，按照图 6-18 所示进行操作，定义局部变量“加数 1”。

图 6-18　定义变量“加数 1”

Step 02 使用同样的方法，继续定义局部变量“加数 2”“和”以及两个全局变量“答题数”和“答对数”。

Step 03 分别单击变量“加数 1”“加数 2”“和”前面的复选框，使它们不再显示于舞台上，然后调整变量“答题数”和“答对数”在舞台上的显示位置，图 6-19 所示。

图 6-19　变量的舞台显示效果

提示：

只适用于某个角色的变量，会和该变量适用的角色一起显示在舞台上，此类变量对于其他角色的脚本将无法读取与修改。

建立相应的变量后，就可以根据算法为各个角色编写脚本了。但在正式编写脚本之前，我们可能还会根据算法和游戏互动的需要对角色进行调整。

我们首先为按钮编写脚本。在这个案例中，两个按钮的作用分别是发送游戏“开始”和“结束”的广播信息。为了使按钮有按下的效果，我们还需要在脚本中切换按钮的造型。

Step 01 选择 Play 按钮，单击“事件”积木，将“当角色被点击”积木拖到脚本区，编写 Play 按钮的触发事件。

Step 02 单击“外观”积木，两次拖动下一个造型积木到上一积木的下方，按照图 6-20 所示进行操作，对 Play 按钮按下时的效果进行设置。

Step 03 按照图 6-21 所示进行操作，完成广播游戏“开始”消息的设置。

Step 04 选择 Over 按钮，使用同样的方法，为 Over 按钮编写脚本，效果如图 6-22 所示。

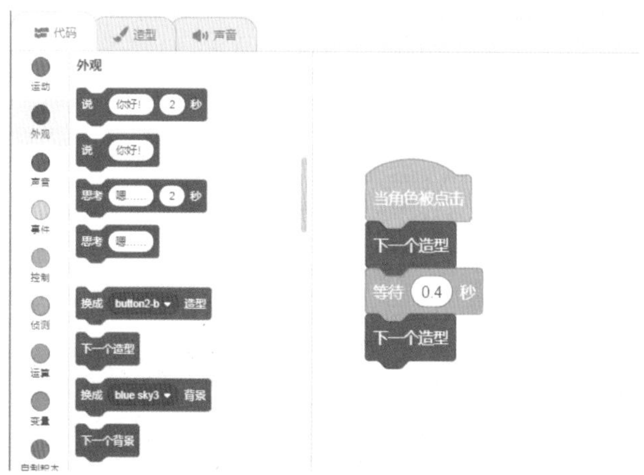

图 6-20 设置 Play 按钮按下时的效果

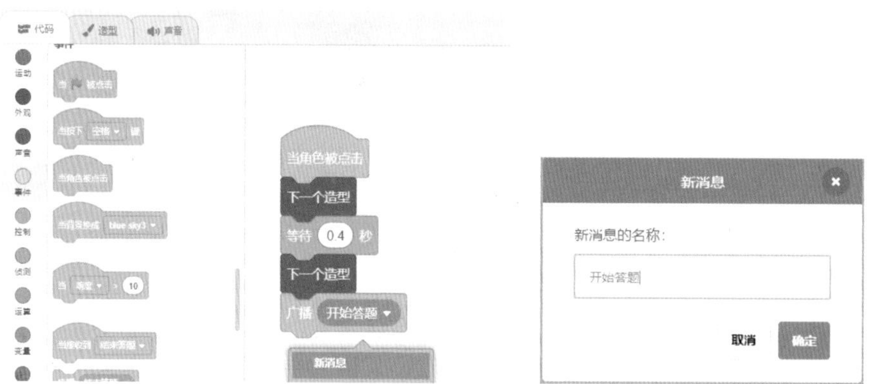

图 6-21 设置广播消息

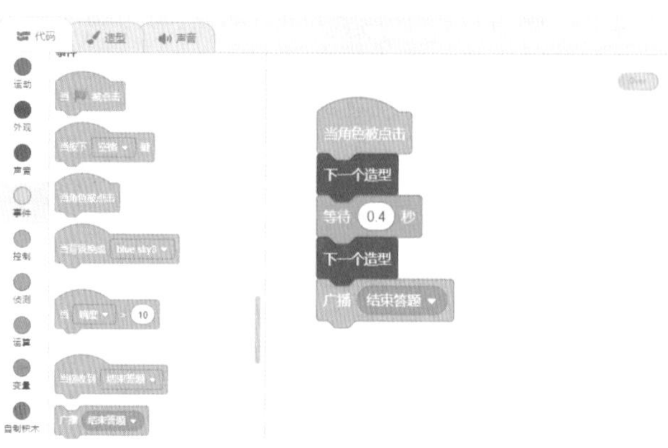

图 6-22 为 Over 按钮编写脚本

接下来为“教师”角色编写脚本。因为“教师”角色的脚本的触发执行方式是接收到另外两个角色的广播信息，所以我们需要编写两段独立的代码来分别响应广播事件。

Step 01 选择“教师”角色，拖动 和 积木到脚本区，设置响应方式。

Step 02 选择“变量”积木，两次拖动 积木到上一积木的下方，并分别修改变量为“答题数”和“答对数”。

Step 03 选择“控制”积木，拖动“重复执行”积木到上一积木的下方。

Step 04 分别选择“变量”和“运算”积木，设定变量“加数 1”和“加数 2”的值为随机数，效果图 6-23 所示。

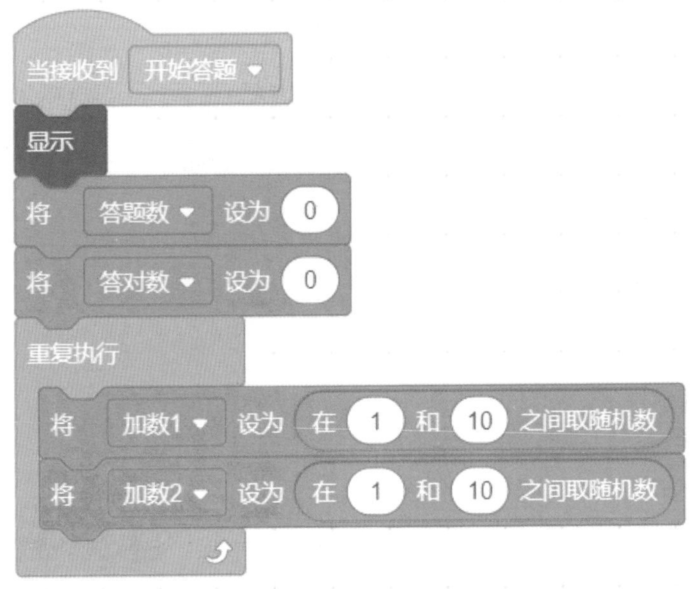

图 6-23 设置“加数 1”和“加数 2”为随机数

Step 05 分别选择“外观”和“运算”积木，先拖动 积木到上一积木的下方，再 4 次拖动 积木到相应位置并填充相应的参数，设置询问说出题目的效果，如图 6-24 所示。

图 6-24 字符串连接效果

提示：

使用字符串连接指令连接字符时，字符串中的变量越多，需要的字符串连接指令也就越多。例如，为了连接5个字符串，需要嵌套使用4个字符串连接指令。

Step 06 选择“侦测”积木，拖动 询问 你叫什么名字？ 并等待 积木到上一积木的下方，并修改询问的内容为“请输入答案：”。

Step 07 分别单击“变量”和“侦测”积木，拖动 将 和 设为 0 和 回答 积木到相应的位置，设定变量“和”的值，效果如图6-25所示。

图6-25　设定变量“和”的值

Step 08 单击“变量”积木，拖动 将 答题数 增加 1 积木到上一积木的下方，用来累加答题数。

Step 09 单击“控制”积木，先将“如果……那么……否则”积木拖到上一积木的下方，再选择变量“和”“加数1”“加数2”以及运算符 = 50 和 + ，完成判断逻辑的搭建，效果如图6-26所示。

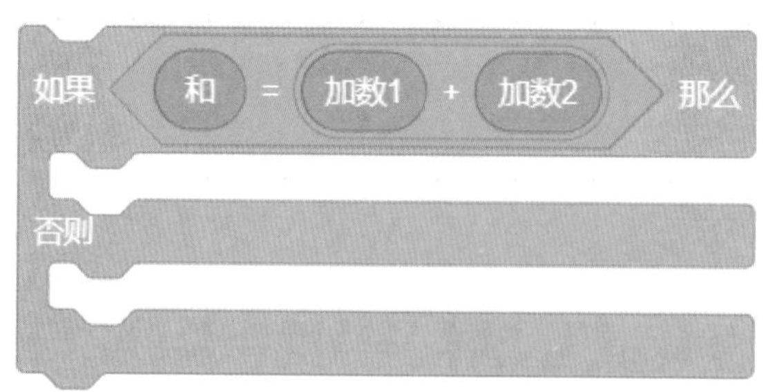

图6-26　设置判断条件

Step 10 分别选择 说 你好！ 2 秒 和 将 和 设为 0 积木，修改询问的内容和变量名，完成判断处理，效果如图6-27所示。

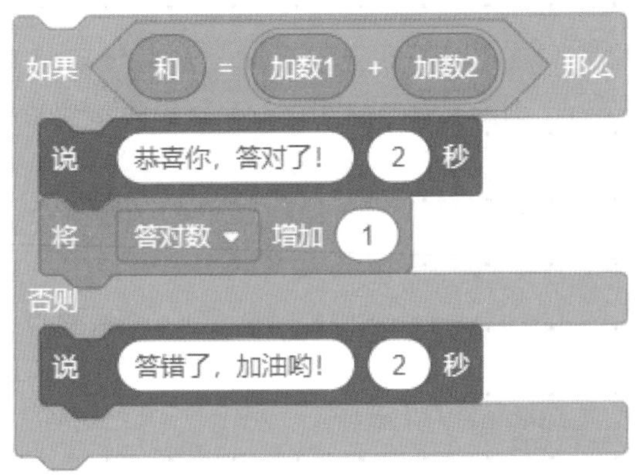

图 6-27 判断处理效果

Step 11 单击“事件”积木，拖动积木到脚本的空白区，完成“教师”角色的另一种响应方式。

Step 12 单击“外观”积木，将积木拖到积木的下方，再使用积木 4 次并且通过变量“答题数”和“答对数”，完成答题结果的反馈，效果如图 6-28 所示。

图 6-28 通知答题结果

Step 13 隐藏角色并停止脚本，然后分别选择和积木，从而最终完成“教师”角色的脚本的编写。

Step 14 单击“运行”按钮，运行程序并观察动画效果，根据测试结果进一步调试、完善作品。

Step 15 在菜单栏中单击“文件”按钮，在打开的菜单列表中单击“保存到电脑”命令，保存文件。

6.2.3 知识点拨

1. 随机数积木

Scratch 主要通过积木来产生指定范围内的整数或实数类型的随机数，但这个积木不能单独使用，而是需要结合“变量”积木下的和积木来使用。

- 产生整数：当指定的范围上下限是整数时，产生的随机数即为整数。例如，若指定范围为 -1~1，则随机从 -1、0、1 三个数中选一个。
- 产生实数：当指定的范围上下限是小数时，产生的随机数即为实数。例如，若指定范围为 -1.0 ～ 1.0，则产生 -1.0 ～ 1.0 的任意一个小数。

2. 变量在舞台上的显示方式

变量在舞台上有三种显示方式，默认为“正常显示”。右击舞台上的变量，就可以选择其他显示方式。当变量以“滑杆”方式显示时，可通过拖动滑块来设定变量的值。变量在舞台上的三种显示效果如图 6-29 所示。

正常显示

大字显示

滑杆

图 6-29　变量的三种显示效果

第7章 制作游戏程序

提到游戏，大家马上会想到自己玩过的一些小游戏，如扫雷、蜘蛛纸牌、超级马里奥、连连看、俄罗斯方块等。在 Scratch 软件中，通过先设置游戏角色、背景，再使用积木搭建出脚本，就可以方便地编写各类小游戏。本章将通过两个小游戏来讲解如何使用 Scratch 创作各种游戏程序。

7.1　小猫灭苍蝇

小猫的院子里突然飞来很多苍蝇，小猫需要消灭苍蝇、保护环境。本节将围绕“小猫灭苍蝇”制作一个射击小游戏，如图 7-1 所示。在这个小游戏中，我们可以使用鼠标控制小猫的移动，并使用键盘发射飞镖，帮助小猫消灭所有苍蝇。

图 7-1　小猫灭苍蝇

7.1.1　设计分析

在这个案例中，需要编写脚本的对象是舞台背景以及角色小猫、飞镖、苍蝇等。游戏的基本思路是：使用鼠标控制小猫左右移动，使用空格键发射飞镖，当击中苍蝇后，苍蝇消失并增加得分，直至消灭所有苍蝇，游戏成功。这个案例的舞台背景和角色如表 7-1 所示。

表 7-1　舞台背景和角色

舞台背景	角色
苍蝇消灭，游戏结束！ 小猫灭苍蝇 游戏规则： 1. 使用鼠标控制小猫左右移动； 2. 按空格键小猫发射飞镖； 3. 消灭空中苍蝇，游戏结束。	小猫　飞镖　苍蝇　太阳　Start

为了实现“小猫灭苍蝇”游戏的功能，需要对场景和每个角色进行细致的规划。主要的脚本规划如下。

- “小猫”角色：程序开始时隐藏，出现后随鼠标左右移动，游戏结束后隐藏；需要用到“事件”和“运动”积木。
- “飞镖”角色：程序开始时隐藏，当按下空格键时从小猫位置发射，游戏结束后隐藏；需要用到“事件”和“运动”积木。
- “苍蝇”角色：初始状态为隐藏，可以复制出 5 个苍蝇，它们将随机出现在场景中的任意位置，检测它们是否碰到飞镖，从而判断所有苍蝇是否都被打掉；需要用到“事件”和“控制”积木。
- Start 按钮：游戏开始标志；需要用到“事件”积木。

7.1.2　程序编写

“小猫灭苍蝇”游戏共有 3 个背景以及小猫、飞镖、苍蝇等角色，为使界面美观，还可以添加角色“太阳”，效果如图 7-2 所示。

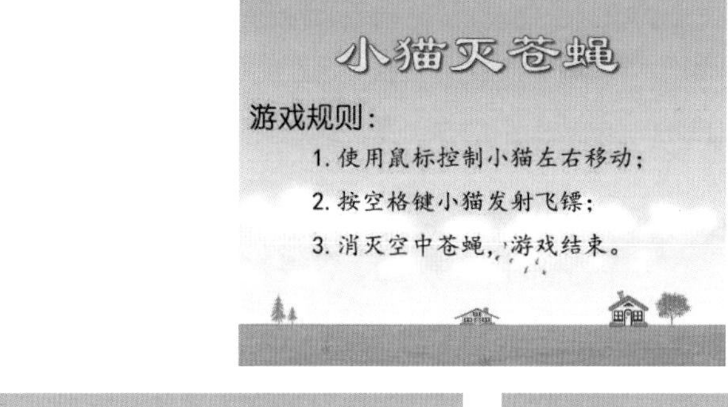

Start

Start

图 7-2　“小猫灭苍蝇”游戏的背景和角色

Step 01 运行 Scratch 软件，按照图 7-3 所示进行操作，添加一张背景图片。

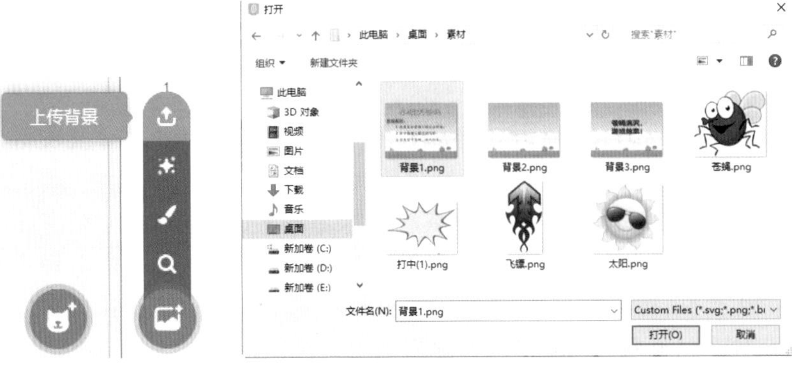

图 7-3　添加背景图片

Step 02 使用同样的方法，导入其他背景图片，效果如图 7-4 所示。

图 7-4　导入其他背景图片

Step 03 按照图 7-5 所示进行操作，制作角色“苍蝇”的第 1 个造型。

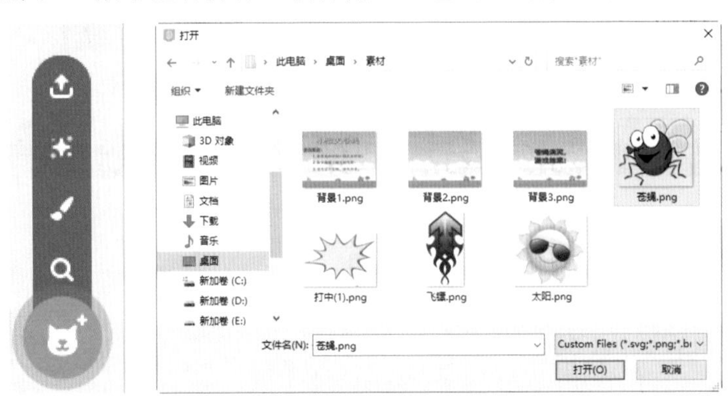

图 7-5　制作角色“苍蝇”的第 1 个造型

Step 04 选择“打中 (1).png”素材图片，制作角色“苍蝇”的第 2 个造型。

Step 05 按照图 7-6 所示进行操作，导入打中角色“苍蝇”时的音效。

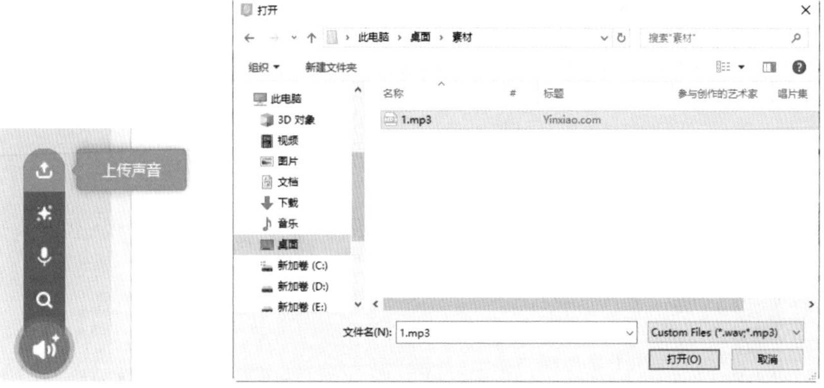

图 7-6　导入音乐文件

Step 06 按照图 7-7 所示进行操作，调整角色“苍蝇”的大小。

图 7-7　调整角色“苍蝇”的大小

Step 07 使用同样的方法导入其他角色——“太阳”与“飞镖”，效果如图 7-8 所示。

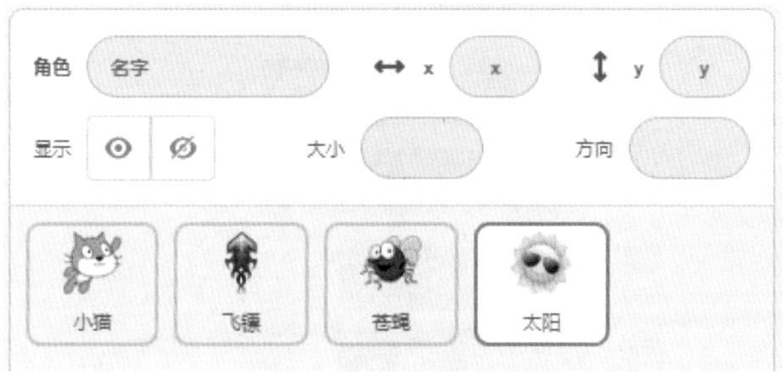

图 7-8　导入其他角色

Step 08 按照图 7-9 所示进行操作，制作 Start 按钮。

图 7-9　制作 Start 按钮

Step 09 在菜单栏中单击“文件”按钮，在打开的菜单列表中单击“保存到电脑”命令，保存文件。

注意，只有为舞台背景与角色编写相应的脚本，才能实现游戏的功能。“小猫灭苍蝇”游戏中需要编写脚本的对象是舞台背景以及角色小猫、飞镖、苍蝇等。

接下来进行游戏准备，单击 Start 按钮开始游戏，程序运行时显示“背景 1”，而用来计数的变量不需要显示在舞台上。

Step 01 打开保存的文件，添加变量“计数”，统计击中的苍蝇个数。

Step 02 按照图 7-10 所示进行操作，隐藏舞台上的变量“计数”。

图 7-10　隐藏变量“计数”

提示：

当需要隐藏变量的时候，我们还可以在脚本中添加“隐藏变量”积木；而当需要显示变量的时候，则可以在脚本中添加“显示变量”积木。

Step 03 按照图 7-11 所示进行操作，为“背景”添加脚本。

Step 04 选中 Start 按钮，编写如图 7-12 所示的脚本，实现单击 Start 按钮时广播游戏开始的消息。

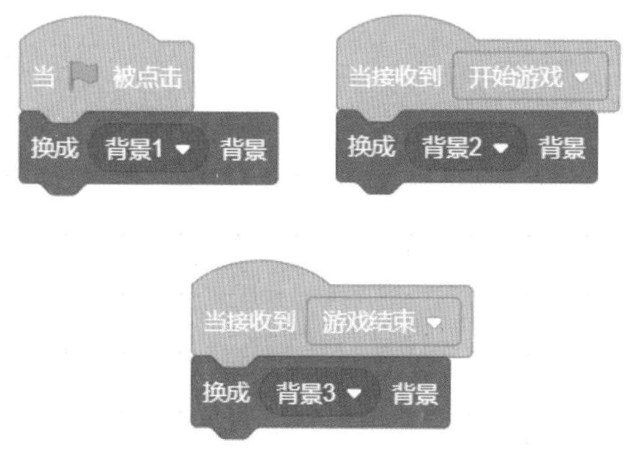

图 7-11 为“背景”添加脚本

图 7-12 为 Start 按钮编写脚本

接下来设置“苍蝇”角色的脚本。当接收到游戏开始的消息时，复制出 5 个苍蝇，让它们随机出现在游戏中，并在被飞镖打中时计数，直到空中飞舞的苍蝇被完全消灭。

Step 01 角色“苍蝇”的初始状态为隐藏，多只苍蝇的出现可通过复制来实现。它们随机出现在坐标 x:−240 至 x:240、y:−83 至 y:180 之间，不停移动，当检测碰到角色“飞镖”后，显示被击中的效果，同时对变量“计数”加 1，如果累积到 5，游戏就结束。

Step 02 按照图 7-13 所示进行操作，将角色“苍蝇”隐藏。

图 7-13 角色“苍蝇”的初始状态

Step 03 为“苍蝇”角色编写脚本，如图 7-14 所示，实现运行程序时，复制出 5 只“苍蝇”。

图 7-14　复制出 5 只“苍蝇”

Step 04 继续为“苍蝇”角色编写脚本，如图 7-15 所示，实现运行程序时，让这些苍蝇随机出现并左右移动，碰到边缘后反弹。

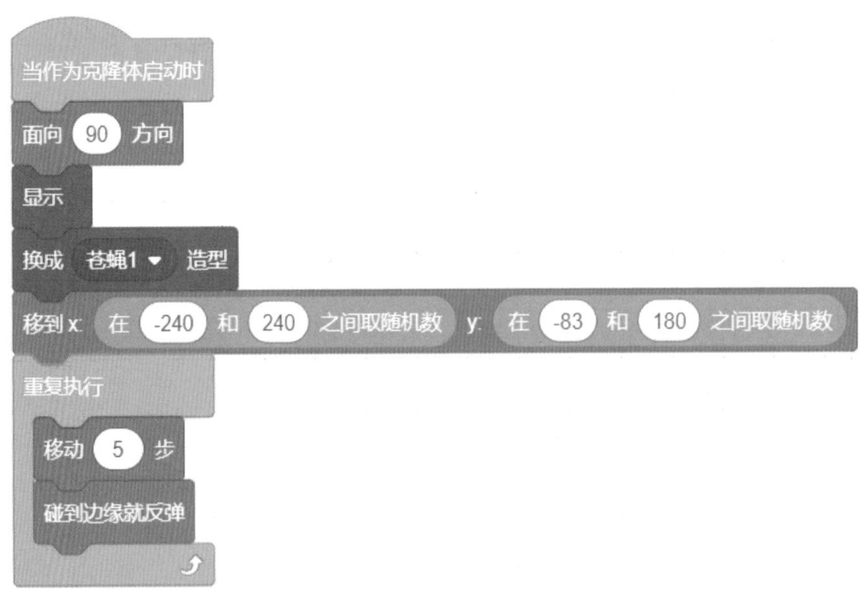

图 7-15　使苍蝇在游戏中随机出现并左右移动

Step 05 继续为“苍蝇”角色编写脚本，如图 7-16 所示，实现苍蝇被打中时显示苍蝇被击中的效果并进行计数。

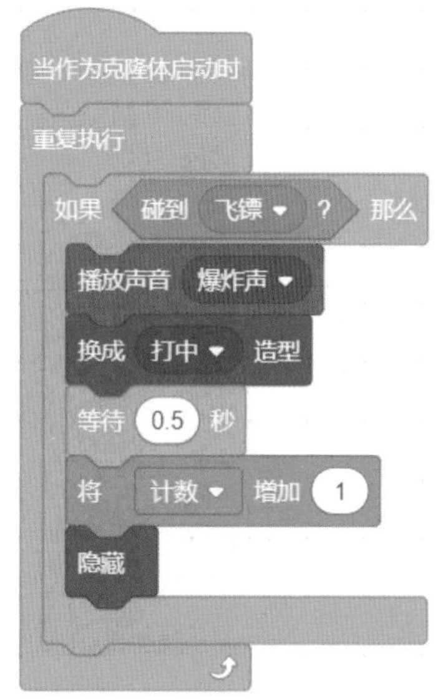

图 7-16 设置当苍蝇被打中时如何处理

Step 06 继续为“苍蝇”角色编写脚本，如图 7-17 所示，实现打完所有“苍蝇”后，结束游戏。

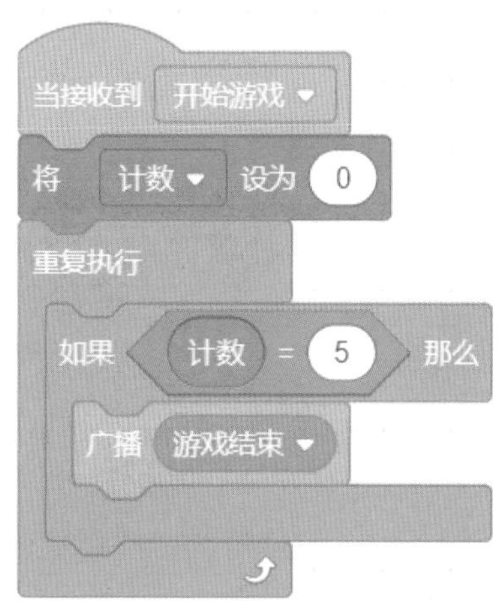

图 7-17 编写游戏结束脚本

接下来设置“小猫”角色的脚本。程序运行时小猫隐藏，当接收到游戏开始的消息时，使用鼠标使小猫沿水平方向移动；而当接收到游戏结束的消息时，小猫隐藏。

Step 01 为“小猫”角色编写脚本，如图 7-18 所示，实现程序运行时小猫隐藏。

Step 02 继续为“小猫”角色编写脚本，如图 7-19 所示，实现当接收到游戏开始的消息时，小猫沿水平方向移动，遇到边缘后反弹。

图 7-18　角色“小猫”的初始状态

图 7-19　当接收到游戏开始消息时的“小猫”脚本

Step 03 继续为“小猫”角色编写脚本，如图 7-20 所示，实现当接收到游戏结束的消息时隐藏小猫。

接下来设置“飞镖”角色的脚本。程序运行时飞镖隐藏，当接收到游戏开始的消息时，按空格键可使飞镖沿小猫的 y 坐标射出，打中苍蝇时计数；而当接收到游戏结束的消息时，飞镖隐藏。

Step 01 为“飞镖”角色编写脚本，如图 7-21 所示，实现程序运行时飞镖隐藏。

图 7-20　当接收到游戏结束消息时的“小猫”脚本

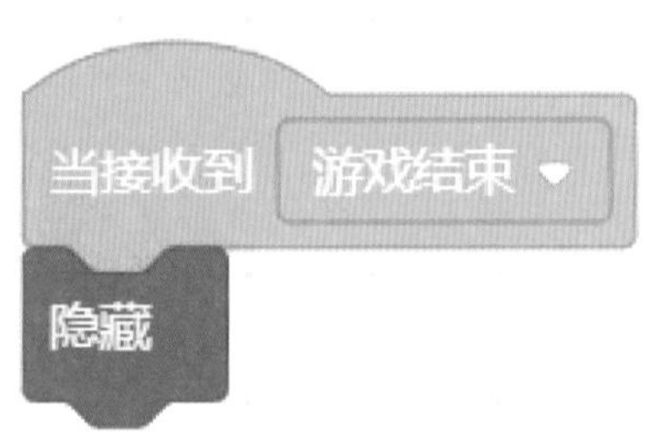

图 7-21　角色“飞镖”的初始状态

Step 02 继续为“飞镖”角色编写脚本，如图 7-22 所示，实现当按下空格键时发射飞镖。

Step 03 继续为“飞镖”角色编写脚本，如图 7-23 所示，实现当接收到游戏结束的消息时隐藏飞镖。

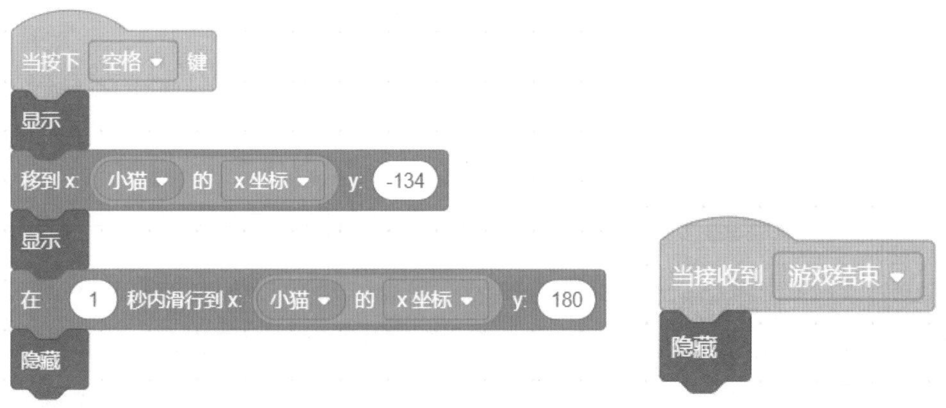

图 7-22 飞镖打中苍蝇时的脚本 图 7-23 当接收到游戏结束消息时的“飞镖”脚本

Step 04 单击“运行”按钮，运行程序并观察动画效果，根据测试结果进一步调试、完善作品。

Step 05 在菜单栏中单击“文件”按钮，在打开的菜单列表中单击“保存到电脑”命令，保存文件。

7.1.3 知识点拨

1. 克隆积木

使用克隆积木可以生成新个体，并且新个体可以拥有自己的行为动作。与克隆相关的积木有 3 个。

- 指令模块 - 创建克隆体：克隆体和原始角色有着完全一样的属性。为了避免由于无限制地创建克隆体而将系统资源耗尽，目前限制只能克隆 300 次。
- 事件模块 - 当作为克隆体启动时：当一个克隆体被创建时，它就会自动启动，同时激发事件。
- 指令模块 - 删除克隆体：当克隆体运行结束时，可以使用“删除克隆体”指令将其自身删除。

2. 坐标积木

在 Scratch 中，除了角度积木之外，还有坐标积木。使用坐标积木可以方便地确定角色的位置，与坐标相关的积木有 10 个。

- ：支持通过修改区域内的数字，将角色移到指定位置。
- ：能使积木在指定时间内到达指定位置。
- ：作用是将 x 坐标增加括号内指定的数值，但 y 坐标不变。

- 将x坐标设为 -43：作用是把 x 坐标设为固定值，使横坐标固定。
- 将y坐标增加 10：作用是将 y 坐标增加括号内指定的数值，但 x 坐标固定不变。
- 将y坐标设为 100：作用是把 y 坐标设为固定值，但只要不修改积木中白色区域的数字，y 坐标就始终不变。
- 鼠标的x坐标 鼠标的y坐标：获取鼠标的 x 坐标和 y 坐标。
- 小猫 的 x坐标 小猫 的 y坐标：获取角色的 x 坐标和 y 坐标。

7.2 小猫走迷宫

“小猫走迷宫”游戏分为两关，礼物藏在第 2 关，只有通过第 1 关才能进入第 2 关。本节将围绕“小猫走迷宫”制作一个互动的迷宫游戏，如图 7-24 所示。

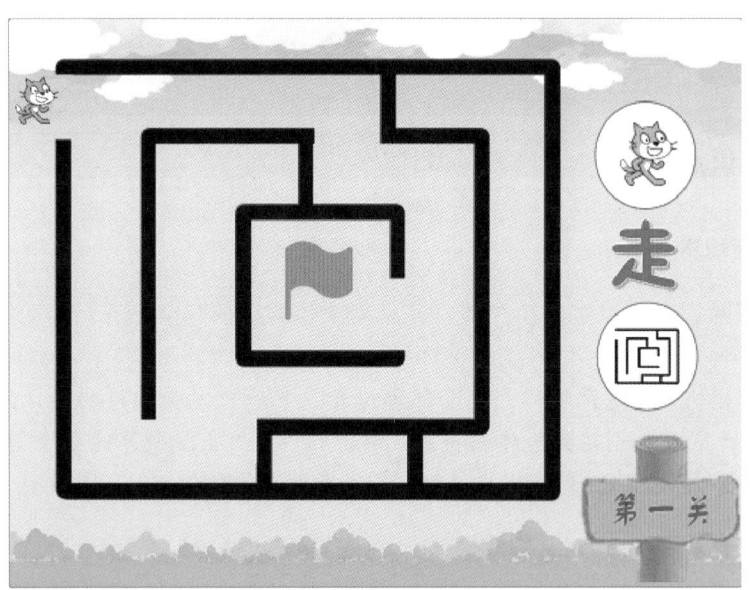

图 7-24 小猫走迷宫

7.2.1 设计分析

游戏“小猫走迷宫”中包括游戏背景、小猫、绿旗、礼物等角色，基本思路是：玩家控制小猫的行走方向，遇到墙壁就后退，找到绿旗就进入第 2 关，找到礼物后，游戏结束。这个案例的舞台背景和角色如表 7-2 所示。

表 7-2 舞台背景和角色

舞台背景	角色
走 第一关　走 第二关	小猫　礼物　绿旗

为了实现“小猫走迷宫”游戏的功能，需要对场景和每个角色进行细致的规划。主要的脚本规划如下。

- “小猫”角色：程序开始时，显示在指定位置，可通过方向键控制小猫的移动，需要检测小猫是否碰墙、是否在第 1 关关口、是否在第 2 关关口；需要用到“事件”“控制”和“运动”积木。
- “绿旗”角色：程序开始时，显示在指定位置，在第 2 关时隐藏；需要用到“事件”和“运动”积木。
- “礼物”角色：程序开始时隐藏，在第 2 关时显示在指定位置；需要用到“事件”和“运动”积木。

7.2.2 程序编写

“小猫走迷宫”游戏有两个背景，角色是小猫、绿旗和礼物。第 1 关与第 2 关中的迷宫背景既可以从网上下载，也可以自行绘制，效果如图 7-25 所示。

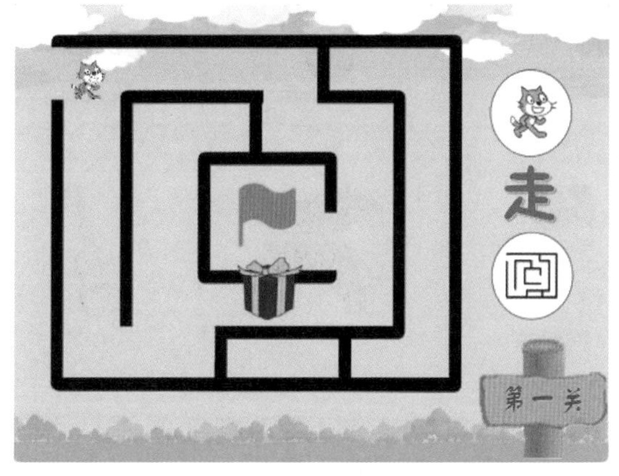

图 7-25 “小猫走迷宫”游戏的背景

Step 01 运行 Scratch 软件，选择“第 1 关 .png”和“第 2 关 .png”素材图片作为背景造型，如图 7-26 所示。

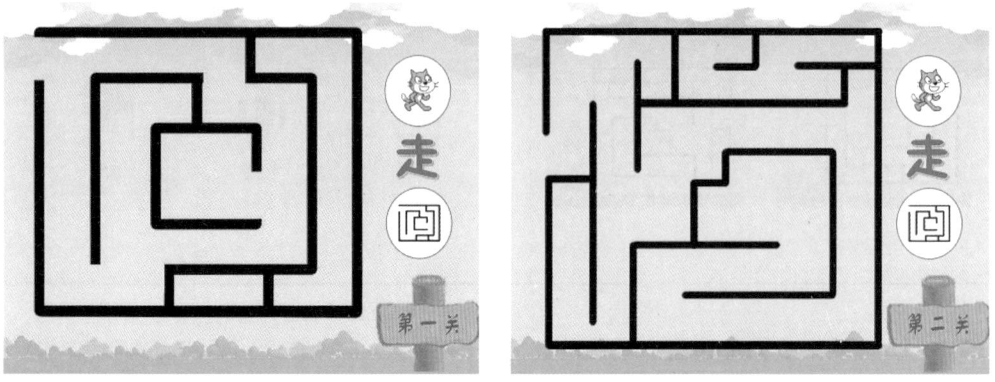

图 7-26　背景造型

Step 02 按照图 7-27 所示进行操作，从角色库中选择 Green Fl 角色并重命名为“绿旗”。

Step 03 使用同样的方法，选择角色库中的 Gift 角色并重命名为“礼物”。

Step 04 在菜单栏中单击“文件”按钮，在打开的菜单列表中单击“保存到电脑”命令，保存文件。

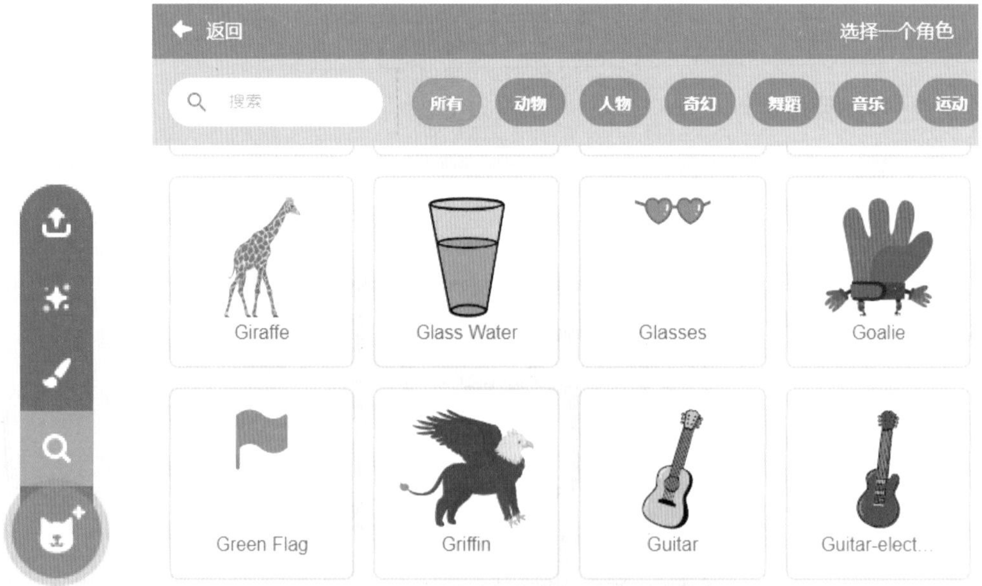

图 7-27　制作“绿旗”角色

为了实现“小猫走迷宫”游戏的功能，我们需要根据算法为背景、小猫、绿旗、礼物等对象添加相应的脚本。

下面首先编写背景脚本。游戏的背景造型需要随着游戏关卡的改变而改变。当接收到响应的消息时，就改变背景造型。

Step 01 这个游戏有两个背景，当被单击后，显示第 1 关背景；当游戏进入第 2 关后，显示第 2 关背景。

Step 02 选中“舞台”对象并编写脚本，如图 7-28 所示。

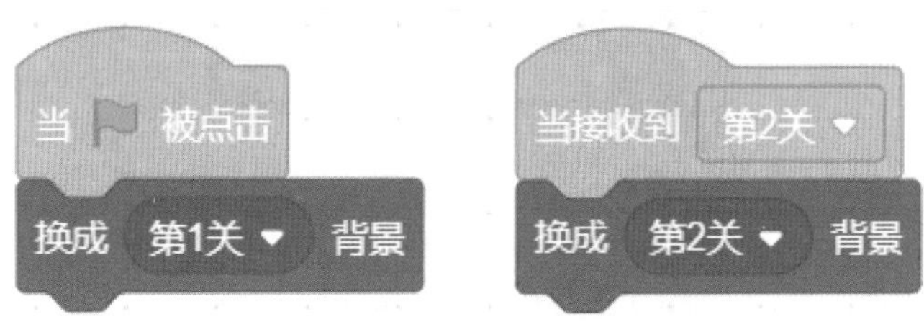

图 7-28 编写背景脚本

接下来设置“小猫”角色的脚本：使用方向键控制小猫的移动，并通过侦察颜色让小猫做出相应的动作——遇到黑色墙壁时，后退；遇到绿色时，进入下一关；遇到深红色时，游戏结束。

“小猫”角色需要处理的问题主要有：定位两个关卡的初始位置；使用方向键控制小猫的移动；检测是否撞墙、是否碰到第 1 关中的绿旗、是否碰到第 2 关中的礼物，并进行相应的处理。

Step 01 为“小猫”角色编写如图 7-29 所示的脚本，实现程序运行时，初始化小猫面向的方向与坐标位置。

图 7-29 “小猫”角色的初始状态

Step 02 继续为“小猫”角色编写脚本，如图 7-30 所示，实现小猫的撞墙处理以及对第 1 关关卡和第 2 关关卡的检测。

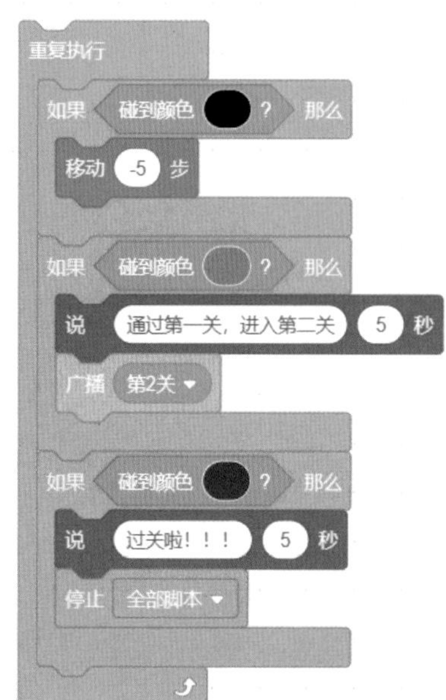

图 7-30　编写检测脚本

Step 03 如图7-31所示，编写控制"小猫"移动的脚本，实现用方向键控制小猫的移动。

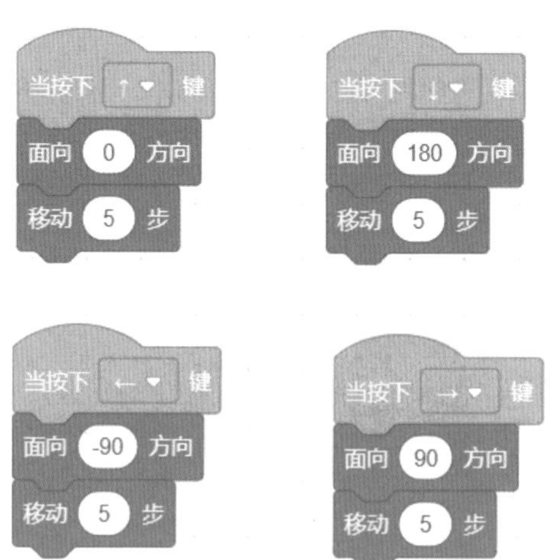

图 7-31　编写控制"小猫"移动的脚本

提示：

墙壁是黑色的，第1关关卡是绿色的，第2关关卡是深红色的，以上3种颜色能够代表游戏中不同的对象，是它们各自比较典型的颜色特征，所以只需要检测相应的颜色即可。

Step 04 继续为“小猫”角色编写脚本，如图 7-32 所示，实现当小猫进入第 2 关时，将小猫移到固定位置。

图 7-32　设置“小猫”进入第 2 关时的初始状态

接下来设置其他角色的脚本。绿旗作为第 1 关结束的标志，只在第 1 关显示，进入第 2 关时须隐藏；礼物是第 2 关结束的标志，只在第 2 关显示，在第 1 关时须隐藏。

Step 01 为“绿旗”角色编写脚本，如图 7-33 所示，实现在第 1 关时显示，而在第 2 关时隐藏。

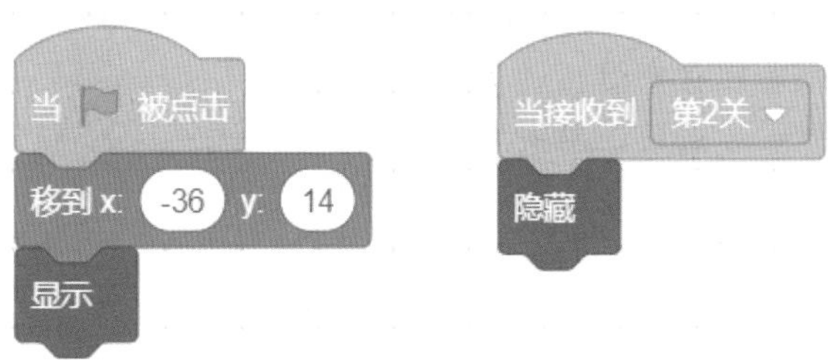

图 7-33　编写“绿旗”角色的脚本

Step 02 为“礼物”角色编写脚本，如图 7-34 所示，实现在第 1 关时隐藏，而在第 2 关时显示。

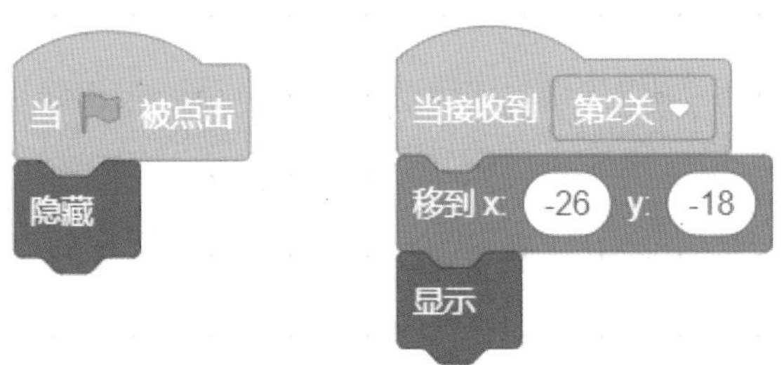

图 7-34　编写“礼物”角色的脚本

Step 03 单击“运行”按钮，运行程序并观察动画效果，根据测试结果进一步调试、完善作品。

Step 04 在菜单栏中单击“文件”按钮，在打开的菜单列表中单击“保存到电脑”命令，保存文件。

7.2.3 知识点拨

1. 绘图工具

在 Scratch 中，可以在新建背景或角色时选择绘制方法。另外，在绘制区域可以使用系统提供的工具绘制各种图形，系统提供的绘图工具有以下几种。

- 选择工具：用于图形的选择，选中图形后，可利用 8 个矩形控点和 1 个圆形控点对图形执行放大、缩小、翻转等变形操作，此外还可以对图形进行任意角度的旋转。
- 变形工具：利用变形工具选中图形后，图形的边框上就会出现一些锚点，利用这些锚点可以任意改变图形的形状。
- 铅笔工具：利用铅笔工具可进行自由绘制，在绘图区域的下方可选择粗细和颜色。
- 线段工具：绘制线段，在绘图区域的下方可选择粗细和颜色。
- 矩形工具：绘制空心或实心的正方形（按住 Shift 键）或长方形，颜色可从绘图区域下方的调色盘中进行选择。
- 复制工具：选中对象后，单击即可复制。
- 上移一层工具：选中对象，单击可将对象上移一层。
- 下移一层工具：选中对象，单击可将对象下移一层。
- 组合工具：选中多个对象后，单击组合工具可将它们组合成一个对象；选中组合后的对象，单击组合工具可以取消组合。
- 左右翻转工具：选中对象，单击可实现左右翻转。
- 上下翻转工具：选中对象，单击可实现上下翻转。

2. “文字朗读”积木

Scratch 3.0 在拓展模块中增加了“文字朗读”积木，可以让程序“开口说话”，具体包括以下 3 个积木。

- 积木的作用是朗读指定的文字内容。
- 积木的作用是切换声音的模式。
- 积木的作用是设置朗读时的语言。